研究室ですぐに役だつ電子回路

"少ない予算で手づくり"回路!
実験装置のヒント集

Abe Yutaka
阿部 寛 著

工学図書株式会社

装帧＊闰月社

は じ め に

　理工系の研究室で先端的な実験を行うためには，電子回路の知識と，その実際の活用は不可欠なものである．ただ，これを実行することは，口で言うほど簡単ではない．
　ある興味ある課題を追求するための，最も効率の高い実験を実現するために必要な電子回路を，どのように構成したらよいか？
　もちろん，我々は電子回路の専門家ではないという前提で話を進めよう．専門家ではないが，専門家以上に上手な問題の解決法を見いだしたいという，ちょっと欲張った要求にしばしば遭遇する．この問題を解決するためには，十分な情報の蓄積が不可欠である．重要な情報をどのようにして捉えるか？　これはけっこうむずかしい．このための王道が，特にあるようには思えない．
　世界的に権威ある雑誌を検索して，おもしろそうな記事を読みあさるのが第一である．本書に関連する情報の多くは，インターネットを検索することにより得ることができるだろう．

1) 電子素子，材料のメーカーを検索して，最新の素子情報や application notes を探す．

　　www.analog.com　　www.national.com　　www.maxim-ic.com

といったメーカーのサイトを訪ねると，役にたつ情報がいっぱい詰まっている．セミナーや応用のための技術ノートは，最新のものが掲載されていて，これを読むだけでもけっこう楽しく，時間のたつのを忘れるくらいである．

2) 初心者向けのアイデア集などを集めたサイトを探し出す．

　　www.discovercircuits.com　　www.science-workshop.com
　　www.adde.com　　www.designsoftware.com
　　www.electronics-lab.com

といったサイトでは，専門家でない人にも親切な解説記事を提供している．

はじめに

　一つ非常に重要なことを提示しておく．これらの記事を有効に利用するためには，英語が堪能でなければならない．それも生半可な英語の能力ではだめである．上の記事を1ページ読むのに，辞書を100回も引くようでは，ほとんど使いものにならないのである．

　英語に堪能になるにはどうしたらよいか？　筆者が若いころ実行していたことで役にたったと思うことは，たくさんの英語の論文を読むたびに，このようなことを言いたいときにはこのように書くのだなという文章を，ノートにたくさんメモしておいて，これを何度も読み返すということであった．そのうちに自然と英語でものを考える習慣がついてくる．

　読者の誰もが可能なことではないが，英語が堪能になるてっとり早い方法は，米国などに2～3年留学することではないかと思う．いやでも英語で話したり，英語で長いレポートの提出を何回も求められたりすると，たぶん毎回真っ赤に訂正を加えられたレポートが戻されて，そのうちに自然に英語がうまくなるものである．

　本書の内容は，目次からもわかるように，相当に変わった本である．内容の選択にあたっては，東北大学の物理学科のある先生の指摘が，指針になっている．それは，"屁理屈はどうでもよいから，こんなことを実際に測定したいというときに，まちがいなく測定できる手法が知りたい．そういう本はないものかね？"という質問を受けたことである．そのときは，"そんな本はありません"と返答してしまったが，今になってみると，そのような本があれば便利かなとも考えるようになった．しかし，理屈抜きの解説本などは，筆者には荷が重いことがしだいにわかってきた．基本的な理屈がわかっていなければどうしようもない．そこで，理論的な事項は最少にして，なんとか役にたつことを念頭において，本書を書き出したが，ほんとうにそうなっているかどうかは，筆者が判定することではないだろう．

　実験室の整理の問題から始まって，パソコンの利用法まで気ままに書き進めており，筆者の好みのままに筆を進めたので，普通の教科書のような論理的な構成にはなっていない．必要に応じてどの章を選んでもよいように書いたつもりである．文章のところどころに，チクリとする苦言が挿入されているが，真意を理解していただきたい．

　筆者は，北海道大学の電気工学科を卒業後，北海道大学大学院工学研究科量子物理工学専攻の担任を最後に1997年に定年退官した．この間に，当時の通

はじめに

産省電気試験所(のちの電子技術総合研究所)で,通産省技官として半導体の研究に従事,その後,米国ブラウン大学に客員教授として招聘された.米国では,多くの有能な研究者と共同研究を行うことにより,筆者自身のものの考え方に重大な変革が加えられた.さらに大学に戻ってからは,数百名の博士課程・修士課程の学生と巡り会うことができ,実に愉快な研究生活を過ごすことができた.

この本は,そのような巡り会いにおけるさまざまなできごと,特に多くの失敗の経験から生まれた実際の実験装置・電子回路の試作の歴史を基にしたものである.すべての名前をここに載せるわけにはいかないが,すべてのこれらの学生(いまでは,各界で活躍している教授,研究者,技術者であるが)に,心からの感謝を表したい.

2006年2月

厳しい寒さの札幌にて

阿部　寛

目　次

1章　効率的でむだのない実験室の構成と配置
1.1　整理・整とん …………………………………………………………… 1
1.2　実験台などの配備 ……………………………………………………… 2

2章　最初に装備すべき基本的な測定器
2.1　デジタルマルチメータの選択 ………………………………………… 6
2.2　材料の直流における電流−電圧特性の正確な測定 ………………… 7
　2.2.1　四端子法とは ……………………………………………………… 7
　2.2.2　試料の固定法と電極づけ ………………………………………… 9
　2.2.3　つまようじは材料実験に便利な日本独自の道具 …………… 10
　2.2.4　測定体系 ………………………………………………………… 10
2.3　最初に装備しておくその他の測定器 ……………………………… 12
2.4　最初にあると便利な工具類 ………………………………………… 18

3章　電子測定器，電子装置の試作 I
3.1　電子回路アートワークの多様な手法と実際 ……………………… 19
　3.1.1　通常のアートワーク法(現像，焼つけ，エッチング) ……… 19
　3.1.2　トナーを使う転写法 …………………………………………… 20
　3.1.3　直接法 …………………………………………………………… 23
3.2　電源回路を作ろう …………………………………………………… 23
　3.2.1　定電圧回路——これはかなりいい加減に作っても動作する … 23
　3.2.2　定電流回路——これは意外にむずかしい …………………… 27
3.3　計測増幅器を使ってみよう ………………………………………… 29
　3.3.1　計測増幅器は普通の演算増幅器とどこが違うのか？ ……… 30
　3.3.2　実際に計測増幅器により熱電対増幅器を作ってみる ……… 31

目　次

3.4　微小な信号を雑音の中から選び出す …………………………… 33
　3.4.1　低雑音増幅器の雑音源 …………………………………… 34
　3.4.2　信号に同調した増幅器 …………………………………… 37
3.4.3　ロックインアンプとその試作 ……………………………… 37
3.4.4　ボックスカー積分器 ………………………………………… 41

4章　電子測定器，電子装置の試作 II

4.1　インピーダンスとは何か？ ……………………………………… 44
4.2　インピーダンスの測定から何がわかるのか？ ………………… 47
4.3　なぜインピーダンスの測定はむずかしいか？ ………………… 49
4.4　インピーダンスの測定 …………………………………………… 50
　4.4.1　交流ブリッジインピーダンスの測定 ……………………… 52
　4.4.2　位相の測定法 ………………………………………………… 55
　　　A．DBM による位相差の測定 ……………………………… 55
　　　B．PCM 法による位相測定 ………………………………… 59
　　　C．掛け算器による位相の検出 ……………………………… 63
　　　D．サンプリング法による高周波の位相測定 ……………… 65
　4.4.3　高周波用の IC ………………………………………………… 73

5章　物理量（変位，ひずみ，加速度）のための電子回路

5.1　変位の測定 ………………………………………………………… 79
　5.1.1　変位を電気容量の変化として測定 ………………………… 79
　5.1.2　レーザー光の反射を利用する変位の測定 ………………… 82
5.2　ひずみ測定 ………………………………………………………… 83
　5.2.1　ひずみとは …………………………………………………… 83
　5.2.2　ひずみの測定回路 …………………………………………… 85
5.3　超音波伝播，減衰測定器 ………………………………………… 86
　5.3.1　超音波変換器 ………………………………………………… 86
　5.3.2　試料の端面の研磨方法 ……………………………………… 90
　5.3.3　圧電変換器を試料の端面に接着 …………………………… 90
5.4　除振装置について ………………………………………………… 91

6章　精密な発振器の構成

6.1　PLL 回路とは ……………………………………………………… 93

6.2	電圧制御発振器	95
6.3	最も単純な PLL 回路の例	100
6.4	発振振幅の制御 − PIN ダイオード減衰器	102
6.5	ダイレクトデジタルシンセサイザ（DDS）	103
6.6	各種の波形を作る	106
6.6.1	ゆっくりしたランプ掃引回路の例	107
6.2.2	階段波を作る	108

7章　マイクロ波周波数領域の測定

7.1	伝送線路の回路論	110
7.2	損失のない伝送線路	112
7.3	抵抗のある線路	113
7.4	伝送線路のインピーダンスと反射	113
7.5	定　在　波	115
7.6	スミス図表とは	118
7.7	S 行列について	123
7.8	AppCAD	126
7.9	電磁回路解析ソフト	128
7.10	マイクロ波領域のスペクトル分析器はほんとうに自作できるか？	129

8章　電子計測にはできるだけパソコンを利用しよう

8.1	PC Scope とは	132
8.2	Agilent 82357A USB/GPIB インターフェース	135
8.3	できるだけフリーなソフトを活用する	136
8.3.1	TINA PRO	136
8.3.2	AADE Filter Design	138
8.3.3	WinSpice	140
8.4	有料ではあるが高度な回路設計やシミュレーションを可能にするソフトウェア，ハードウェアは多数ある	143
8.4.1	LabVIEW	143
8.4.2	MATLAB	144

1章 効率的でむだのない実験室の構成と配置

1.1 整理・整とん

　実験室として使用可能なスペースは，それぞれの大学や研究所の事情によりさまざまであり，場合によっては非常に限られた空間しか使用できない場合もあるだろう．したがって，与えられた空間をいかに効率よく，有効に使用するかということを，前もって熟慮しておく必要がある．第一に考えることは，必要な部品や装置の類をよく整理・整とんする習慣を身につけることである．大学の研究室などでは，乱雑で見るからに汚らしい実験室というのをよく見かけるが，これを見ただけで，実験室を使用している研究者の基本的な姿勢が推量され，この研究室の実験データはあまり信用できないなと思われてもしかたがない．もちろん，実際に仕事を開始すると定常状態に落ち着くまでは実験室の内部が多少ゴタゴタになってしまうのはしかたがないことで，これが見られないということは何も仕事をしていないという証拠にもなってしまう．しかし，取りとめもなく乱雑が続行するのは感心しない．

　電子回路の試作という立場からすると，次のような点について留意すべきである．

　1) 配線用の電線類，同軸ケーブル，電源用のコード：これらは分類して，プラスチックの大きな箱かバケツを用意してこれに収納しておく．ホームセンターやスーパーマーケットなどに行くと，多種類の収納箱が安価で発売されているので，これを利用するのがよい．筆者は「無印良品」が好きで，ここからプラスチックや丈夫な紙箱を購入して物品の整理に利用している．紙箱の類は不要になったときの処分が簡単であるので，特によく利用している．

　2) 電子部品の整理：電子部品は，まず受動素子と能動素子に分類する．受動

素子は，抵抗，コンデンサ，インダクタ，各種端子などである．抵抗やコンデンサはJIS規格で表示が決まっているが，これをいちいち覚えるのはたいへんめんどうである．ワット数，抵抗値，電気容量などを分類して小さなプラスチックのケースに収納し，いつでも使用できるように前もって用意しておく．

めんどうがらずに，このような分類をしておくことが重要である．これを怠ると，後でたいへんな目にあうことになる．

最近は，集積回路(IC)も非常に小型化してきて，IC上に印刷されている文字が読みにくくなっている．虫めがねで拡大しないとよくわからない場合のほうが多い．したがって，これらのICの類も，正確に製品名をラベルに書いてプラスチックの箱に分類して保管しておかないと，後からどんなICだったか思い出すのに一苦労する．特に，高感度なICは静電気に弱いので，これを防止するケースに入れて保存することを忘れないように．

3)試作に失敗したPCボードなどは簡単に捨てないで，保存しておく．これらは一種のガラクタの類だが，後からいろいろ使い道があるものである．ガラクタの類はたくさんあったほうがよい．これらは，とっておくと乱雑の原因になるように思われるが，そうではない．別に売り物を作成するわけではないので，余分な穴が開いていたり，端子がついていたりしても，気にしないで使用できる場合がけっこうある．資源のむだ使いを防止することにもなる．ただし，これらのガラクタが散乱しないように，大きな箱や袋に入れて保存しておく．

以上に述べたことは誰でもわかっていることではあるが，意外にきちんと実行されていない．言い訳するわけではないが，筆者自身もこれを実行するのをいい加減にしたために痛い目にあっている．あたり前のことというのは，意外にきちんと実行されないものである．

1.2　実験台などの配備

実験台の配備は，実験の目的によっていろいろ異なるだろう．化学実験などでは，各種の薬品や溶液を取り扱うための特別の工夫が必要である．ここでは，材料の電気的な特性を取り扱う実験室を題材に取り上げているので，この場合について考えてみよう．必要な配備をおおまかに描いてみると，図1.1のようになる．

必要なものとしては，1)部品整理棚(A)，2)ポリバケツ，配線用部品収納(B)，3)電子装置試作台(C)，4)電子計測用実験台(D)，5)光学実験台(E)，6)工作室(G)，7)蒸留水，脱イオン水製造およびエッチング用水槽(H)，8)電子部品

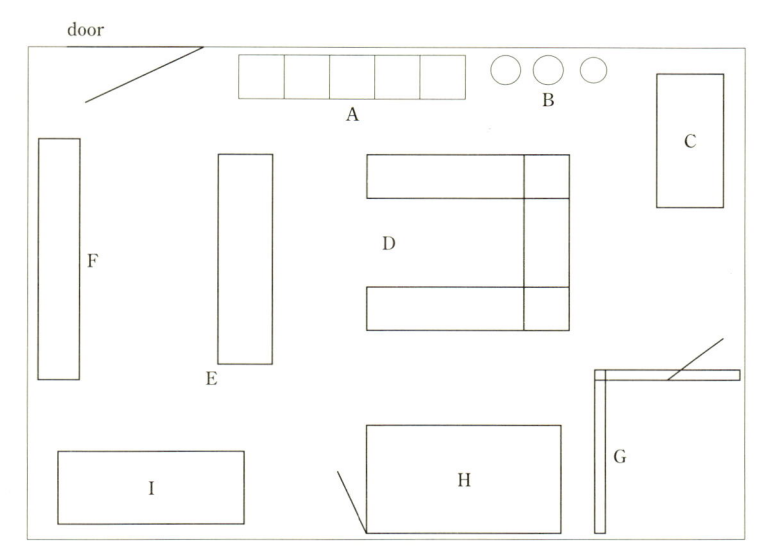

図 1.1 実験室の配備例.

マニュアル,解説書(F),9) PC ステーション(I)

　これだけのものが用意されていれば申し分ない.これらのうち,一部のものは,他の場所で活用できるものもあるだろう.たとえば,工作室などは別の共通の部屋が使える場合には,そのほうがよいだろう.この場合の工作室というのは,それほどおおげさなものではなく,小型のボール盤が1台,比較的大型の万力が1台,あとは金きりのこ,やすりが数本といった程度のもので,十分である.ここでは,PCボードの穴開け,PCボードの切断などが主要な仕事になる.

　電子計測用の実験台は,できるだけラック型の架台を使って,空間利用率を高めたほうがよい.

　Hの蒸留水,脱イオン水装置は,試料の洗浄に使用する.蒸留水は,簡単な装置で作ることができるので,理化学用品の会社から購入するか,あるいはガラス工場をもっているところでは,そこで注文して試作してもらうのもよいだろう.

　エッチングは頻繁に行うので,このための道具はしっかりと作製しなければならない.その詳細は3.1節で述べることにするが,アクリル樹脂を加工して自作するのがよい.

材料の光学的な測定をする際には，レーザーや分光器を使用することになると思うが，この場合にはわずかの機械振動が問題になることが多いので，これに対する除振対策を十分に行うことが重要である．これについては，第5章で述べることにする．

　実験室の電源容量は十分にあることが望ましいが，これも種々の制限が科されている場合も多い．おおまかに言えば，3～5 kW 程度の AC 電力が望ましい．どうしてもこれだけの容量が確保できないときには，自動車用のバッテリーを多数用意し，これにインバータを繋いで交流電源とする．大型の充電器を自作して，電源容量が低下したときには充電を行う．そのためには，2組のバッテリー群を用意し，これを交代で使用するようにする．

　以上に述べたように，実験室というものは，これを使用する人間の鏡のようなものである．乱雑な実験室は，それを使っている人間が粗雑な人間であることをよく反映している．実験室がホテルのロビーのようである必要はないし，もしもそうならば，これまたこの実験室の住人が無能であることを証明しているようなものである．実験室は，躍動する研究者にとって最も都合がよいように作られていなければならない．不要なものは削除し，必要なものは臨機応変に付加する才覚が必要である．最も重要なことは，最初から世界一流の実験室を作ろうなどという夢を描かないことである．

　今，自分の研究に必要な最小限必要なものは何か？
ということを熟慮することから始める．その目的のために，少しずつ，しかし確実に目標の山頂をめざしていく．これは最も重要なことである．自分は，今はやりのナノ構造の研究をしたいので，何千万円予算がほしいというような発想は，最も貧弱な発想であり，たぶん誰もとりあってくれないだろう．そんな漠然とした考えでは，よい実験室は創造できないということを，肝に銘じておくべきである．

2章　最初に装備すべき基本的な測定器

　第1章で基本的な心構えができたところで，自分に最も適合する実験室の構成に入ろう．予算が豊富にある場合によく陥りやすいのが，高価で高機能の測定器をやたらに買い込もうとする悪弊である．よくある例として，高価な測定器を購入したものの，その機能のほとんどが未使用なままに，たなざらしになってしまうという場合である．研究費のむだ使いである．
　昔こんな話があったのを覚えている．これはある著名な米国の科学者の夫人から聞いた話であるが，日本に来てまもなく，日本のある電気メーカーの電子レンジを購入した．この電子レンジにはマイクロコンピュータが組み込まれていて，数十種類の調理ができるようになっていた．ところが，どこをどういじくれば調理ができるのかさっぱりわからない．くどくど書いてある説明書を読んでもさっぱりピンとこない．とにかく，私はちょっと解凍したり，加熱したりできれば十分なのに，それもどうも思うようにうまくいかない．ついに頭にきてしまって，あらためて単純機能のきわめて安価な電子レンジを購入して，けっこうハッピーであったという話である．この話と同じことを，計測器の購入でやっているのをよく見かけるのは，筆者だけではないだろう．いろいろなスイッチ類がびっしりついていて，一度も押したことのないスイッチがほとんどである，などというまぬけな話がけっこうある．このようなことにならないためには，どのようなことに注意したらよいだろうか？　このためには，第1章で述べたことをもう一度よく考えてみることである．
　以下では，材料の電気的あるいは磁気的な性質を研究するための実験室を念頭に，まずどのような測定器を設備すべきかということを考えてみよう．

2.1 デジタルマルチメータの選択

　大昔はテスタといえば針が振れるアナログ式のテスタで，筆者が学生のころに，内部抵抗が真っ黒こげになっているテスタを修理させられた記憶が，いまだに残っている．電気計測を行うどんな実験室でも，テスタはまず必需品である．現在では，IC の進展に伴い，デジタルテスタが主流であるが，その性能は非常に高度になっており，かつきわめて安価である．
　たとえば，ある販売店で取り扱っているデジタルメータの性能は，次のようなものである．

主要規格

- RS-232C インターフェース機能内蔵！
- DCV 1 kV max：最小分解能 1 mV　（入力インピーダンス　10 MΩ）
- ACV 750 V max：最小分解能 1 mV
- 電流 AC，DC 10 A max：最小分解能 1 μA
- 抵抗 40 MΩ max：最小分解能 0.1 Ω
- 容量計 400 nF max：最小分解能 1 pF
- 周波数カウンタ 40 kHz max：最小分解能 10 Hz
- 全機能オートレンジ測定
- 導通テスト
- hFE 測定
- ダイオードテスト
- 基本確度：± 0.5 〜 3.0%
- 40 ポイントバーグラフ表示
- データホールド・レンジホールド・データメモリ機能
- 液晶バックライト付
- 外形寸法：W 78 × L 186 × H 35 mm，300 g
- 付属品：測定リード 1 組・英語説明書・通信ケーブル・ハードケース・衝撃吸収用ソフトケース・IBM-PC 用コントロールソフト

これだけの性能で，価格は4000円でおつりがくるという驚くべき値段である．電気抵抗の値，キャパシタンスの容量，トランジスタの直流増幅率などは，非常によく使用する重要なパラメータであるので，この程度の性能のデジタルメータは，ぜひ2台ほど用意しておくのが望ましいと思われる．さらに，ポケット型のより安価なデジタルメータも発売されているので，それも1台ぐらいあると便利であろう．ただし，入力インピーダンスが10 MΩであるので，高い抵抗の電圧を正確に測定する際には問題が生ずる可能性が高い．そのような場合には，入力抵抗の高い緩衝増幅器(buffer amplifier)を，入力の前置増幅器として使用するようにすればよい．

電圧，電流，電気抵抗の測定というと，高価な高精度デジタルボルトメータをすぐ想像してしまうが，上に記載したような規格のデジタルマルチメータであると，これだけで，材料の研究に十分適用できることがすぐにわかる．何しろ簡単にパソコンにデータを取り込むことができるからである．

2.2 材料の直流における電流-電圧特性の正確な測定

材料の電気的な性質というと，まず材料の電気抵抗の測定ということがまっ先に問題になる．材料の電気抵抗を正確に測定するためには，四端子法という手法を使う．

2.2.1 四端子法とは

問題にしている材料を図2.1のように成形する．まず，試料の両端に電極をつけて，電流-電圧を測定する場合を考えよう(これを二端子法という)．一般に材料にオーミックな電極を付加するのは，困難な技術を必要とする．単に金属を真空蒸着しただけでは，オーミックな電極はできない．オーミックな電極というのは，その電極にはほとんど電圧が印加されず，単に電流の流し口あるいは出口として役割のみを果たす電極のことである．一般には，電極と試料の間に複雑なポテンシャル障壁が形成される．このために，試料に電極から電流を流し込もうとすると，この障壁のために電圧が障壁の近傍に集中し，試料全体に一様に印加された状態にはならない．また，電圧の極性に依存して全く異なる値の電流が流れたり，半導体の場合には，少数キャリヤの注入が発生したりして，真の電気抵抗を測定することが困難になってしまう．したがって，二端子法では，正確な電気抵抗の測定ができない．そこで，四端子法という手法が採用されることになり，今日ではこれが多用されている．この方法は，図2.1

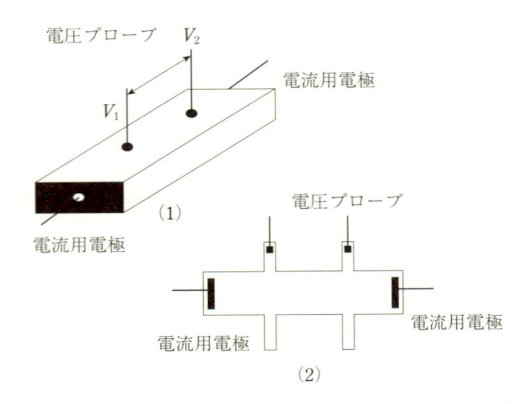

図 2.1 四端子法による電気抵抗の測定.試料における電極配置.(1)微小な電圧測定用電極を表面に付加したもの.(2)超音波カッターにより袖をもつ形状に加工し,その袖に電圧測定用の電極を付加したもの.

に示すように,4つの電極をもった試料を使用する.まず,電流用の電極を試料の両端に付加する.この電極から十分に離れた点に電圧測定用の電極を2つ付加する.電流用の電極から電流を試料に流すが,このとき電極がオーミックである必要はない.電圧測定用の電極は,電流用の電極から十分に離れているので,それらの影響を受けない.試料が電気的に一様であるとすると,このときの電気抵抗 R は,

$$R = (V_1 - V_2)/I \tag{2.1}$$

である.ここで,I は試料を流れる電流,V_1, V_2 は電圧プローブの電圧である.この電圧は,入力抵抗の非常に大きな電圧計で測定しなければならない.

試料の比抵抗 ρ は,

$$R = \rho L/A \tag{2.2}$$

から求められる.L は電圧プローブの間隔,A は試料の断面積である.

ここで,筆者が過去に行ったⅢ-Ⅴ族化合物半導体 InSb 単結晶の電気抵抗の温度変化を,以上で述べたデジタルメータと前置増幅器を使用した測定系で再現してみよう.実際に使用した試料を図2.2に示す.

超音波加工機のような高価な加工機が手もとにない場合には,図2.1(1)のような電極の配置で十分であるが,電圧プローブの電極の大きさは,電場を乱さないようにできるかぎり小さく作製する.このときには,次に述べるように"つ

まようじ"が非常に貴重な道具になる．あるいは，焼き鳥用の大きな串をカッターで切断して，できるだけシャープな先端を作り出す．失敗しても再び切断できるので，何度でもやり直しがきく．

2.2.2 試料の固定法と電極づけ

電極は真空蒸着や銀ペーストにより作製される．電極は，簡単には銀ペーストを使用するが，これを実行するためには，試料台に試料を固定しなければならない．これはどのようにしたらよいだろうか？ それには，低融点の固定材料を使用する．固定剤には，表2.1に示すような市販品があるので，目的に合わせて使用する．

表 2.1 試料の固定に使用する固定剤

品名	軟化点，接着力	応用例
メルトワックス－300 A	80℃，23 kg・cm^2	ダイヤモンドカッター．超音波による打ち抜き．トリクレンで溶ける．耐薬品性
スカイワックス－900 W	55℃，30 kg・cm^2	試料のラッピング．軟化点が低いのが特徴．トリクレンで溶ける
エスデーワックス	80℃，70 kg・cm^2	半導体単結晶のスライス．メタノール＋10% NaOHで溶ける
クリアーワックス GP-100	75℃，90 kg・cm^2	光学ガラスの接着用．溶剤はアセトン

いずれもフルウチ化学㈱：東京都品川区南大井6丁目17番17号．TEL：03-3762-8161，FAX：03-3766-8310，E-MAIL：fine@furuchi.co.jp

InSbの試料は，スカイワックス－900 Wを使用して固定してある．加熱器の上に試料を置き，加熱温度を65℃に制限して接着し，固定したうえで電極を

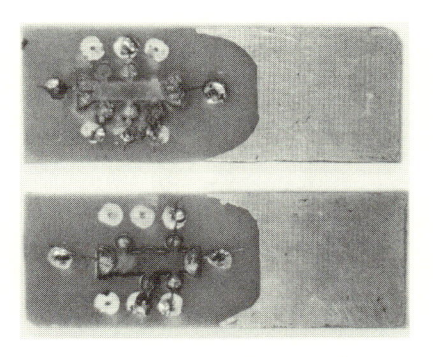

図 2.2 銀ペーストによる電極づけの実際の例．

付着する．半導体は，特に空気中で高温に加熱すると，その特性が大幅に変化してしまう．したがって，軟化点，融点のできるだけ小さな固定剤で保持するように心がけることが必要である．

2.2.3 つまようじは材料実験に便利な日本独自の道具

銀ペーストを付加するのに最も便利な道具は，前項で述べたように"つまようじ"である．これをカッターで先端を極端に鋭く加工して使用する．慣れてくると，0.3〜0.5 mm 直径の電極を作製することが容易にできるようになる．ただし，十分な訓練は必要で，何回か失敗しているうちに腕が上がってくる．

半導体の工場などでは，ボンダーといって，自動電極づけの装置で電極をつけている．1台何百万円もするので，素人には手が出ないが，半導体工場に親しい知人がいれば，廃棄処分になったボンダーをもらうことができる場合もある．工場の生産用には不向きでも，実験室では十分である．

試料の洗浄には，半導体用の洗浄液を必ず使用する．これは，薬品会社で販売している特級の洗浄剤よりも数倍から数十倍高価であるが，このようなものには十分にお金をかけなくてはいけない．

2.2.4 測定体系

温度は，液体窒素温度(77 K)から室温まで変化させる．温度変化は，試料の近傍に置かれた熱伝対により測定され，データとして取り込まれる．測定の概略図を，図 2.3 に示す．

さて，図 2.3 のように書いてしまうと，なんだそれだけのことかと思われるかもしれない．しかし，これには図に描かれていない種々の工夫がなされている．ここで試作したものは，

1) プリアンプ　2台
2) 熱電対増幅器(thermocouple amplifier)　1台
3) 電流源　1台
4) 液体窒素用のホルダ　1台

1)から3)までは，第3章で詳細に議論する．4)の液体窒素用のホルダは，普通二重のガラス壁で作られた，ちょうど魔法びんのような構造の容器が使われる．二重ガラス壁の内部は真空に排気されている．これは，標準品が液体窒素用の保存容器として発売されている．

筆者らは，もっと簡単な方法を利用している．まず，発泡ポリスチロールの細長い箱を用意する．この内部に特殊な断熱シートを貼りつける．これで，液

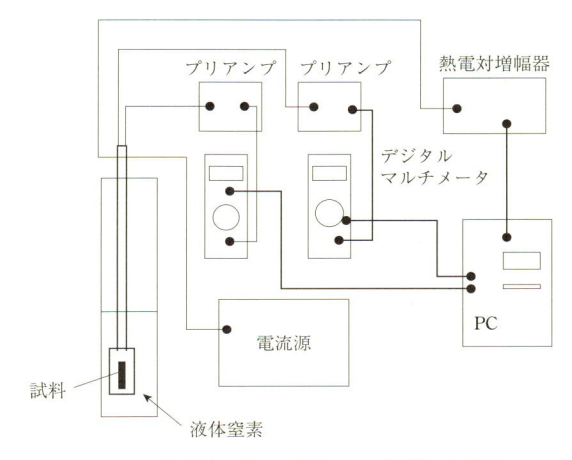

2.2 材料の直流における電流—電圧特性の正確な測定

図 2.3 電気抵抗測定の測定器および結線の配置図.

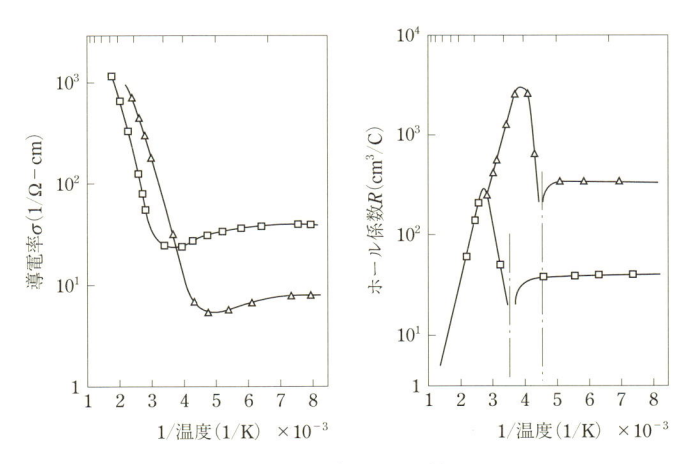

図 2.4 測定データの例.

体窒素を 2〜3 時間ためておくことが十分に可能である.

この例に示すように，ちょっとした工夫により，高価な機材を購入しなくても，必要な実験をいくらでも実行することができるのである．要は，頭を使え！ということである．どんなことにも，創意工夫をする精神を常時養っておくことが重要である.

ここで，この実験体系で得られた測定データを図 2.4 に示しておく．

2.3 最初に装備しておくその他の測定器

これまでは，材料の直流電気抵抗の特性に関連した事項について述べてきたが，話を最初に戻して，まず実験室に装備すべき基本的な測定器について考えてみよう．まず第一に備える測定器は，実験室の標準となる精密電流電圧測定装置である．これから種々の電子機器を自作していくが，それがどの程度の精度を備えたものであるかは，それ自体ではもちろん不明である．

たとえば，5Vの直流電源を自作したとし，これが正確には何Vで，長時間の安定度はどの程度で，雑音はどの程度あるかは，これらのパラメータを別に測定してみなければわからない．その際に，標準となる電圧，電流，抵抗の測定器があれば，試作したものの信頼性は非常に高くなる．特に，高周波の増幅用のICなどは，超安定な電源電圧と比較的大きな電流(50 mAとか100 mA)を供給する必要があるが，これが雑音を含んでいたり，安定度が悪かったりすると，安定な増幅回路を作り上げることができなくなる．筆者は，このためにHewlett-Packard社(HP)の3458Aを1台購入して配備している．その主要な性能は，次頁のようなものである．

この製品の特徴は，四端子接続端子が最初から備えられていることである．この測定器は，新品で購入すると非常に高価(100万円以上)である．筆者はたまたまHPからこの製品の寄贈を受けたのでこれを活用しているが，予算がないときには，これよりもグレードの低いマルチメータでも十分に役にたつ．

3458Aは高価であるので，そのかわりに，別に基準となる電圧-電流発生器を用意しておくのもよいだろう．横河電機(株)や(株)アドバンテストでは，基準電圧-電流発生器を発売している．また，再整備された中古測定器の販売店を調べると，格安の製品を見つけることができる．インターテック(株)(www.intertec-tm.co.jp)，東洋計測器(株)(www.keisokuki-land.co.jp)といったところを検索するのがよい．Agilent Technologies社でも再生品を販売している．

中古品の測定器を購入する場合には，購入したい製品について十分の調査を行い，性能がまちがいなく再現しているか，保障期間，取り扱い説明書が完備しているか，付属品が完備しているかといった点を確認してから，購入することが肝心である．もう1つ重要なことは，目的の中古測定器を探し出した場合には，すぐ購入手続きをしないと，性能が定評のある測定器はすぐに販売済みになってしまうので，注意が必要である．目的の測定器がすぐに見つかるとはかぎらないので，中古品の場合には常に検索を繰り返して市場を注目している

直流電圧				
100 mV	分解能	10 nV	入力インピーダンス	> 10 GΩ
1 V		10 nV		> 10 GΩ
10 V		100 nV		
100 V		1 μV		10 MΩ
1000 V		10 μV		10 MΩ
直流電流				
100 nA		1 pA		
1 A		100 nA		
交流電圧(-10 MHz)				
10 mV		10 nV	入力インピーダンス	1 MΩ
1000 V		1 mV		1 MΩ
周波数		10 MHz	確度	読みの0.05%～0.01%
周期		1 s ～ 100 ns	確度	読みの0.05%～0.01%

必要があり，多少の辛抱を要する．

次に，ぜひ備えたい装置は，交流の測定で重要な役割を果たす標準信号発生器である．この種の装置はピンからキリまであり，選択に迷ってしまう傾向がある．注目すべき点は，

1) 交流の周波数の確度が十分であること
2) 周波数の掃引が可能になっていること
3) 信号振幅のフラットネスが確保されていること

である．特に2)は最も重要なファクターで，大幅な周波数変化の場合においても，常に振幅が一定に保持されるというものである．いろいろな素子の周波数特性を測定する場合に非常に便利で，かつ得られたデータの信頼性が高くなる．筆者は，HPの3336C Synthsizer/Level Generatorを使用している．最高の発振周波数は20 MHzで，少々低いように思われるかもしれないが，実はこれで当面十分である(その理由は，次章で明らかになる)．

非常に確度の高い周波数標準を用意しておくことも，重要である．図2.5に示すものは，20 MHz TCXOモジュールで，ルビジウム(Rb)周波数標準によっ

て構成されおり，0.1 ppm（1 Hz accuracy at 10 MHz）の精度で，長期の安定度は 1 ppm（1 Hz accuracy at 1 MHz）である．さらに，1 MHz, 100 kHz, 10 kHz の出力をもっている．出力のレベルは，50 Ω の負荷で 0.2 V_{p-p}（ピーク値）である．電源電圧は 9 V である．これは，Almost All Digital Electronics（AADE）社で発売されているもので，ここでまた重要な注意をする．

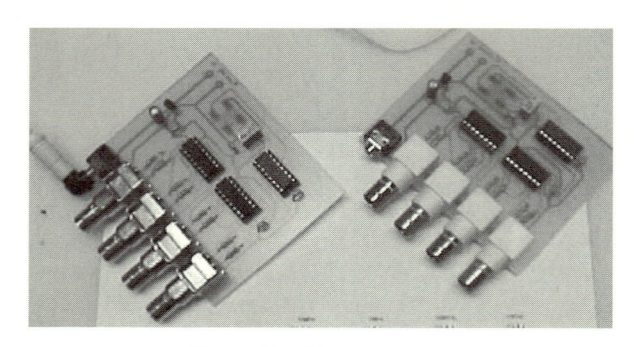

図 2.5　周波数標準用のボード．

　本書は種々の電子回路の試作について述べたものではあるが，何でも試作すればよいというのは危険で，短絡的な思考である．試作するよりも購入したほうがはるかにましであるという場合も多数ある．そのほうが時間の節約になるし，研究にすぐ役にたつ．この周波数標準のボードは，その買ったほうがはるかに効率がよい場合に相当する．費用は 5000 円ほどである（ただし，国際的に通用するクレジットカードがないと購入できない）．

　最後に，交流の測定ではやはり直接波形の観察が必要で，オシロスコープとスペクトル分析器（spectrum analyzer）を備えておきたくなる．現在では，オシロスコープの主流はデジタルオシロスコープになっており，高価なものでは，低周波からマイクロ波までの周波数をカバーするものが発売されている．フィンランドの Gigascope という会社では，DC-30 GHz という驚くべき帯域幅のサンプリングオシロスコープが発売されているし，サンプリングヘッドとしては，100 GHz 対応の進行波型のものが発売されている（正確な値段は現在不明）．一方，リアルタイムのオシロスコープは低価格のものが多数発売されており，10 万円以下でも 20 MHz 程度の帯域幅をもつものが発売されている．

　まず，参考までに市販されているいくつかのデジタルオシロスコープの例をあげてみよう．

　　　周波数帯域：DC-500 MHz　2 チャンネル

2.3 最初に装備しておくその他の測定器

図 2.6 実際に組み立てた周波数標準器.

最大サンプリング速さ：5 GS/s
垂直軸分解能：9 ビット
　1,249,500 円
周波数帯域　DC-3 GHz　4 チャンネル
最大サンプリング速さ：10 GS/ s
垂直軸分解能：8 ビット
　7,620,480 円

といったところで，広帯域のものはきわめて高価である．大学の研究室では，ものを作って販売するわけではないので，特別な場合を除いてこんな高価なものは必要ない．かりに予算を全額使って，デジタルオシロスコープを1台買ったところで，これだけで追加もできない．もちろんそんなばかげたことをする研究者はいないとは思うが…．まず，目標とするオシロスコープの性能を決定しよう．

1) 帯域幅 DC-100 MHz 程度
2) チャンネル数 2

この程度のものを用意することを考える．

　第一候補：USB 接流 200 MHz デジタルオシロスコープアダプタ，1 台
　87,500 円

これを Windows XP のパソコンと接続して使用する．この場合には，スペクトル分析器としても使用できるので，非常に便利である．

　第二候補：世界中で，実に多用な装置が作られており，電子装置や電子測定器の開発にうってつけの装置が発売されている．以下にその写真を示す(図 2.7 〜 2.10)．

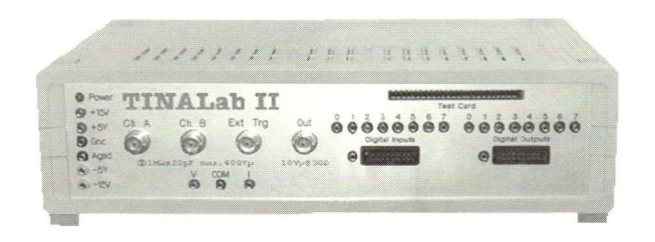

2章　最初に装備すべき基本的な測定器

図 2.7　TINALab II　高速多機能パソコン装置.

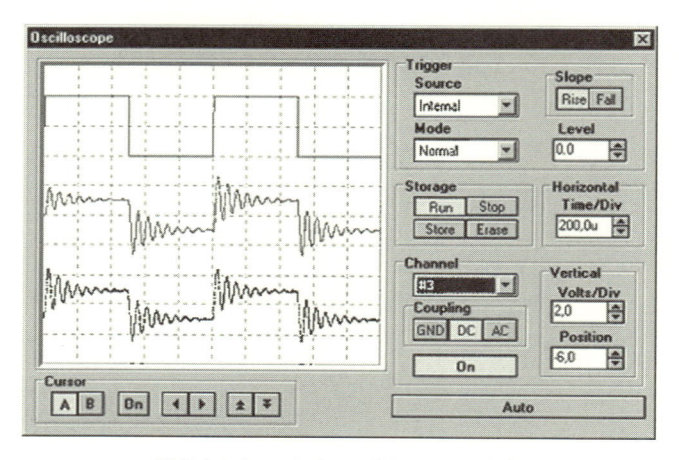

図 2.8　リアルタイムシグナルアナライザ.

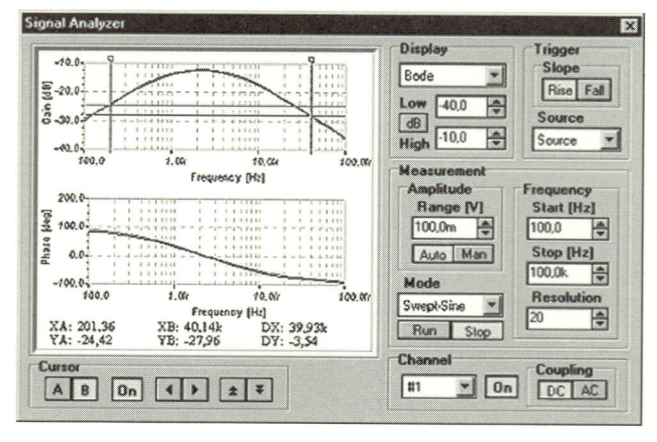

図 2.9　周波数特性アナライザ.

16

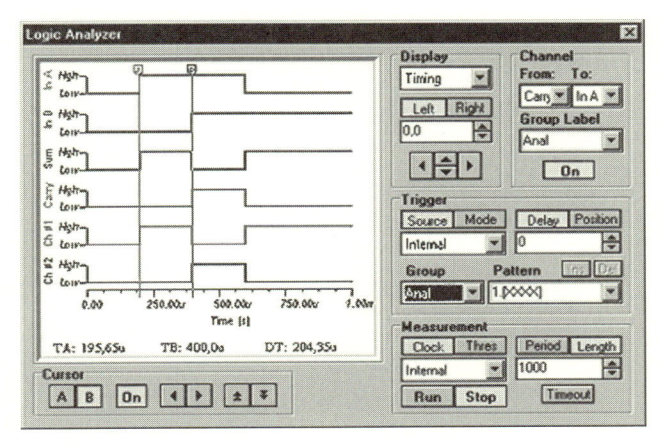

2.3 最初に装備しておくその他の測定器

図 2.10 リアルタイムロジックアナライザ.

これは,
1) DC-50 MHz 帯域幅, 10/12 ビット分解能のデジタルストレージオシロスコープ(2 チャンネル)(4 GS/S).
2) DC-4 MHz 関数発生器(function generator): 正弦, 方形, 傾斜, 三角. 線形掃引, ログ掃引
3) 信号解析器ボード振幅, 位相線図, ナイキスト線図(Nyquist diagram), スペクトル分析器としても使用できる.
4) 直流・交流の電流, 電圧, 電気抵抗の測定.
5) ロジックアナライザ. 16 チャンネルデジタルテスト(40 MHz まで).

ということになっている. 第一候補よりも, 周波数帯域幅特性が低いように思われるかもしれないが, 分解能は 10/12 ビットであるので, こちらのほうが高精度の測定が可能である. また, ちょっとした工夫をすれば, 帯域幅を広げる改造も可能である. これは少々欲張りな装置であるが, きわめて実用性の高い装置で, 費用対効果からいえば, まさに抜群の装置といえる. 気になる値段であるが, 1800 ユーロ(25 万円~26 万円)である.

これを高いと思うか, あるいは安いと思うかは, 人それぞれであろう. 筆者は, これはたいへんお徳用な装置であると思い, 実験室に備えてある. なにしろ試作したものを装置の入り口に差し込むだけで, すべての必要な測定が完了するわけであるから, こんな便利な道具はないと思っている. この装置がもつ 4 つ機能の測定器を別々に購入したとすると, この値段の 10 倍では収まらないであろう. そのほかに, 「PC Scope」とよばれているものが多数発売されて

いるが，これについては8.1節を参照されたい．

　さて，最後の候補であるが，これはいささかしんどい話になる．予算がないので，デジタルオシロスコープを自作するというものである．これは，最初からあまりお勧めできない候補であるが，予算がなければしかたがないので，なんとか5万円程度の部品代を捻出して，第4章で述べる方法に従って自作する．電子機器製作の経験のない人にはかなり無理のかかる仕事となるが，焦らずに時間をかけて取り組むことが必要である．そのかわり，完成した時点で得るものも多い．

2.4　最初にあると便利な工具類

　1) 第三の手：これは，基板のハンダづけを行うときに，基板を適当な高さに保持する器具のことで，これがあるとハンダづけの効率が格段に違ってくる．同僚がそばにいるときにちょっと持って！と依頼したい場合が多々あるが，これを使うほうがずっと便利である．

　2) 中型のボール盤：PC基板の穴開けやシャーシの穴開けなどに使用する．これは小型のものよりも，中型で比較的安定したものを購入するほうがよい．基板に穴を開けるときに最も問題になるのは，素子端子の穴の並びに正確に穴を開けるということである．これをいい加減にやると，穴の位置が一直線に並んでいないため，たとえばICのピンがきちんと挿入できない．そこでピンを曲げたりすると，ピンが根元から折れたりして使い物にならなくなってしまう．穴の位置を正確に決めるためには，いきなりドリルで開けたりしてはいけない．細いドリルの刃は簡単に曲がったり滑ったりするからである．これを防ぐためには，ドリルパンチを使って穴のきっかけを作ってやることが必要である．

　3) 小型のダイヤモンド刃カッター：2万円程度で商品があるので，これがあると基板の切断や，材料の切断に便利である．

　4) 小型ミリング装置：10万円程度の小型のものが発売されている．高周波用素子のケースなどを作成するのに便利である．

　5) 小型超音波カッター：基板の修正などに便利．

　これらは最初から全部必要というわけではないが，1)，2)は最初から備えるほうがよい．比較的広い実験室では，上に述べた状態でスタートすると，ほとんど装置がないような状態にみえるが，これで十分なのである．研究を進めていくうちに，すぐ手狭になってくる．さらに，これから種々の細かな道具を用意していかなければならない．これらについては，そのつど説明していく．

3章　電子測定器，電子装置の試作 I
—まず，簡単なものからはじめて，雑音から信号を拾いあげる装置までやってみよう

3.1　電子回路アートワークの多様な手法と実際

　第2章で述べた測定回路を実際に動作させるためには，直流電源がまず必要になる．現在では，三端子の低電圧用のICが安価に手に入るので，あまり神経を使わなくても，簡単に作製することができる．電子部品店で販売している汎用のIC用の基板を購入し，これに部品をハンダづけすれはよいわけであるが，ここでは将来のために，もう少し本格的な方法を採用することにしよう．

3.1.1　通常のアートワーク法（現像，焼つけ，エッチング）

　プリント回路ボード（PCボード）は，絶縁体の表面に銅箔（はく）が張られたもので，片面1層のもの，両面のもの，さらに多層のものがある．素人が使用する場合は，せいぜい2層（両面）までであろう．普通の製作手順としては，

1) 必要な回路結線図をまず描く．
2) PC基板に現像剤を塗布する．
3) 2)に1)を焼つける．
4) 3)を化学エッチングする．
5) 4)をよく洗浄する．
6) 5)に部品をハンダづけする．
7) 表面を洗浄する．

この手順に必要な材料は，サンハヤト（株）などの適当な電子部品店で手に入れることができる．

　問題は，余分な銅の部分をエッチングするのに，硝酸銅を主剤とするエッチング液がよく使用されるが，これはきわめてやっかいな薬品である．茶褐色の

3章　電子測定器, 電子装置の試作 I

液でエッチングの途中経過もよく見えにくいし, 重金属を含むので後始末もたいへんである. 筆者は, この材料が嫌いで, 別のものがないかと探したところ, 非常によいものを見つけることができた. それは, ペルオキソ二硫酸ナトリウム($Na_2S_2O_8$)というものである. これは白色の粉末剤であるが, 化学薬品会社から容易に購入でき, 値段も安いものである. これを60℃くらいの水に溶かして飽和溶液を作る. 液は透明である.

筆者はこれをプラスッチックの洗面器に入れ, 熱帯魚飼育に用いる棒状のシールされた電熱棒を使って, この溶液を 60～70℃ に加熱したところで, エッチングを行うようにしている. エッチングが進むと液は青っぽくなるが, これを電気分解すると, 電極に銅が析出して, もとの透明な状態に戻る. 加熱しないとエッチングは行われないが, 透明であるので, 時々刻々のエッチングの状態が目で観測できて, 非常に便利である. なんといっても, 汚れないのがいちばんである.

3.1.2　トナーを使う転写法

レーザープリンタや複写機に使用されている黒いトナーは, 耐薬品性にすぐれていることが昔から知られていた. ただ, これをエッチングパターン作製に応用しようという試みが, 従来あまり実行されていなかったのは, このトナーをどのようにして PC ボードに転写するかという点が困難な問題であったからである. 米国の DynaArt 社は, このための特別な用紙の開発に成功し, 現在これを世界的に販売している(図 3.1). 原理としてはきわめて単純なもので, 薄い膜を水溶性の特殊な糊で紙の表面に付着させた用紙を使用する. 手順は次のようなものである.

図 3.1　DynaArt 社のトナー転写器.

3.1 電子回路アートワークの多様な手法と実際

1) 回路パターンを，この特殊な用紙に複写機を使って描く．このとき注意することは，回路パターンの裏と表で，裏向きになるように印刷する．複写の濃度は多少濃くなるように調整する．
2) できたパターンを，裏向きにして PC ボードに密着させ，電気アイロンを使って，上から圧力を加えながら前面を加熱する（おおよそ 270℃ 程度）．
3) これを冷たい水中に投入する．

上の手順を踏むと，特殊な紙の糊が簡単に溶けて，トナーの黒い部分のみが PC ボードに残る．これをエッチングすれば，必要なパターンが得られることになる．

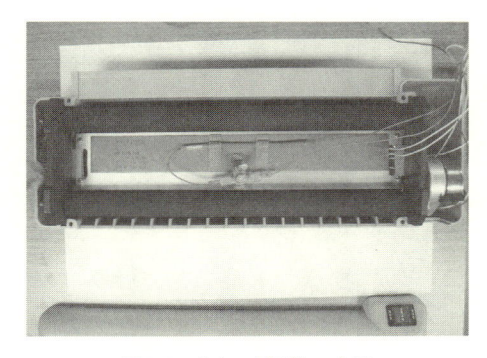

図 3.2　トナー転写器の内部．

　非常に細かなパターンを作成するには，ある程度の経験が必要である．あまり加熱温度を高くすると，トナーが広がってと隣どうしが接触したり，温度が低すぎると，パターンが描かれずに全体がかすれてしまったりというようなことが起こる．ところが，この方法のよい点は，何回でもやり直しが可能なことである．失敗した場合には，"かなたわし"で擦ると力学的にパターンを除去できるので，もう一度新しくパターンを載せて，適当な温度を選択して転写を行う．大きな A4 サイズの PC ボード全体を一様に加熱する装置も，DynaArt 社から発売されている．焼つけ，現像といった過程を必要としないので，取り扱いが非常に簡単になる．また，同じ PC ボードで何回もやり直しができるので，非常に経済的である．図 3.3 に，この方法で作成した例をあげておく．
　DynaArt 社の転写用の用紙はかなり高価である（A4 版 1 枚 200 円程度）．筆者は，これを使用せずに何とか転写する方法はないものかと検討していたが，あるときできわめて簡単なことに気がついた．OHP フィルムは元来耐熱性をもっ

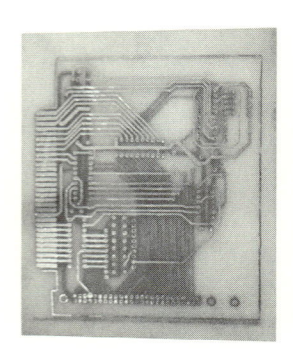

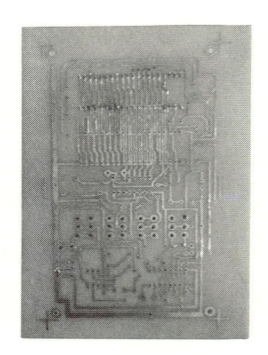

図3.3 トナー転写法で作成したPCボードの例.

ている.そこで,これに回路パターンを転写して適当に切断し,これをPCボード表面に密着して過熱すればよいことになる.この予想は的中し,今ではかなり複雑な回路パターンでも,安価,着実,簡単に作製することができるようになった.要するに,日光写真のPC版である.PCボードのエッチングに関しては,次の2つの工夫が,作業の効率化をはかるのにたいへん便利になる.一様なエッチングをするためには,エッチング液の攪拌が必要であるが,流体力学の簡単な原理を応用すると,その必要はなくなる.

アクリルの板を加工して,図3.4に示すような形状のものを作製する.これに,化学ポンプを使って液体を下部から巡回させると,上面にエッチング液の層流が発生する.この層流にPCボードを置くと,流れによって常にPCボードの表面が洗い流されるので,攪拌の必要はなくなり,高速なエッチングが実行されるようになる.

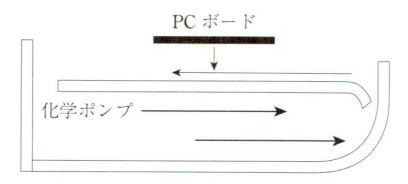

図3.4 アクリル板を加工して,エッチング液の層流を作る.

もう1つは,PCボードにおける銅箔の厚さの問題がある.一般に市販されているPCボードの銅箔はかなり厚い.化学エッチングをこの厚いPCボードで実行すると,非常に細かいパターンの場合,線の内部にエッチングが進行してしまい,パターンが切れてしまうようなことが起きる.実際には,このよう

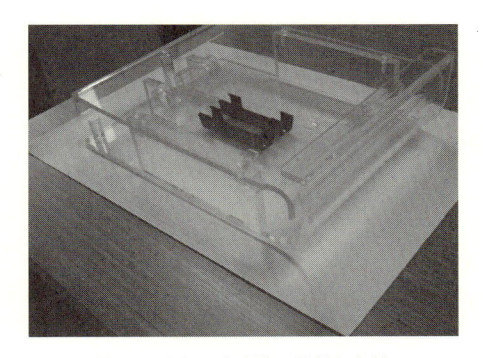

図 3.5　図 3.4 を実際に作製した例.

な厚い銅箔は必要ではない．DynaArt 社では，特別な PC ボードを発売している．このボードは，十分に薄い銅箔をラミネートし，1 MHz における誘電率 4.7，損失角 (1 Mhz) 0.015 以下，両面で厚みは 0.059 インチ，電気抵抗 (1.0 × 10^8 Ω) の性能をもつ．通常の PC ボードに比較すると多少高価であるが，非常に高速にエッチングが完成し，パターンの"だれ"や食い込みが非常に少ないので，筆者は以前からこれを愛用している．

3.1.3 直　接　法

簡単な回路は直接，耐エッチング剤の入ったペンで銅面に書いてしまう．また，最近は種々の回路用のレタリングが発売されているので，これを銅面に直接転写してしまう．十分な力で転写すれば，エッチングの途中ではがれたりすることはない．

3.2　電源回路を作ろう

3.2.1 定電圧回路——これはかなりいい加減に作っても動作する

電源トランス，全波整流器，三端子定電圧 IC，平滑用電解コンデンサ，ノイズカット用コンデンサを用意し，これで定電圧回路を作る．回路自体は非常に単純なものであるので，整流器の極性と電解コンデンサの極性さえまちがえなければ，だれでも簡単に作ることができる．

最近気がついたことであるが，AC100V のプラグのついた定電圧用の簡単な装置が，電気店でも安価に発売されている．筆者は，昔の古いノートパソコン

の電源や古いプリンタの電源の残骸が多数残っているのに気がついたので，これをバラしたところ（一体物の場合には，やや乱暴ではあるが，注意深くのこぎりで切断して中身を取り出す），なかなか重宝に使える電源であることがわかった．いままでの古い電源を5台ほど分解し，測定器などの電源に流用しているが，これはなかなかのリサイクル製品となるので，廃棄などせずに，ぜひ有効に使ってほしい．

　三端子定電圧ICを使った電源は回路が簡単であるので，種々の電圧の電源が作れる．また，可変の電源も容易に作製できるが，毎度回路パターンを作るのはめんどうなので，自分で決めたパターンをOHP用のフィルムなどにコピーしておき，いつもこれを参照して作製するようにすると，統一がとれていて便利な場合がある．参考までに，回路図や作製した例を図3.6に示す．

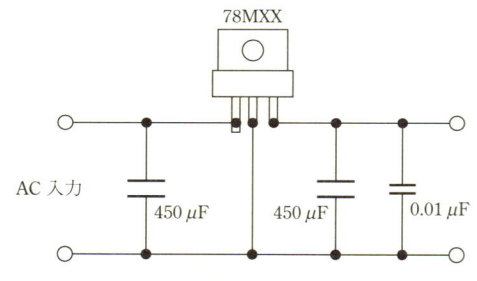

図**3.6**　三端子定電圧ICによる定電圧回路．

　実際に15V用のICを使用しても，厳密に15Vの出力となるわけではない．14.9Vぐらいから15.5Vぐらいまで，素子によっていろいろである．どうしても15.0Vの出力にしたければ，この固定電圧用のICでも，多少の調整は可能である（図3.7）．

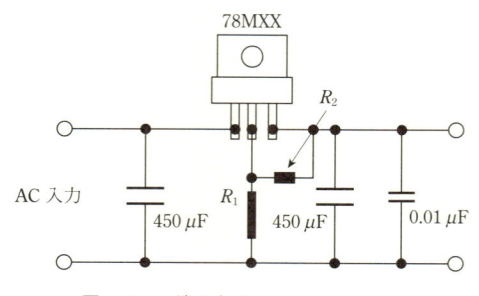

図**3.7**　三端子定電圧ICの電圧調整．

通常，三端子定電圧 IC は固定電圧用であるが，大幅に出力電圧を可変にしたいときには，四端子定電圧 IC を使用する．これは，三端子定電圧 IC に制御用の端子が 1 本付加されたもので，実験室などで使用する定電圧電源としては，このほうが便利である (図 3.8)．

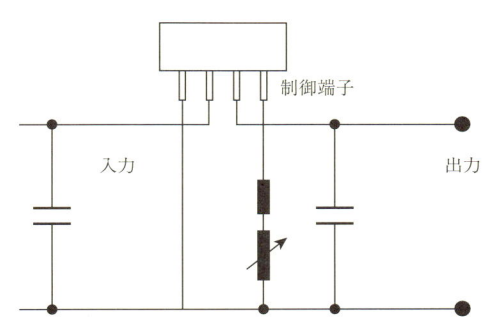

図 3.8 四端子定電圧 IC 回路．

次に，実際に作った実験室用の定電圧電源の詳細を示そう．まず，回路パターンと部品の実装図を示す (図 3.9)．また，実際に組み上げた電源を図 3.10 に示す．
実は，この実験室用電源は最初に設計ミスがあった．というのは，うっかりしてデジタル電圧表示器に必要な電源 (+ 5 V) を設置することを忘れたまま，組立てに進んでしまったのである．後からあわてて，ケースの後面に + 5 V 電源をつけたして，なんとか格好をつけているが，幸いに空間の余裕があったからよいものの，そうでなければたいへんなことになってしまうところであった．このように，最初の段階での設計は，全体的な構図に十分に慎重な配慮をする

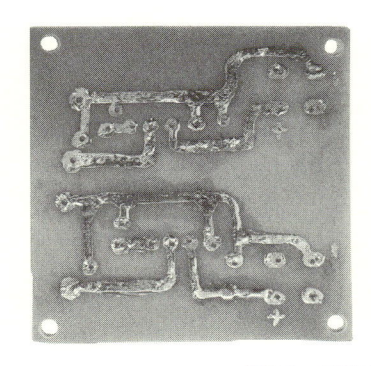

図 3.9 定電圧回路パターンと実装図．

3章　電子測定器,電子装置の試作 I

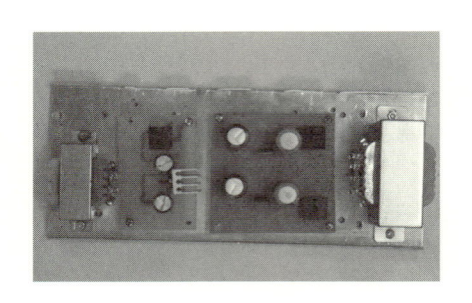

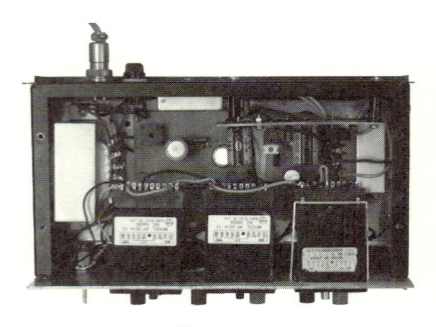

図 3.10　実際に組み上げた電源. 電圧のデジタル表示器を搭載している.

必要がある. 笑い話にあるように, 小さな小屋で飛行機を作製したが, いざ完成したときに小屋を全部壊さないと飛行機が外に出せないというようでは, まことに哀れである.

このようなシリーズ調整器(regulator)のほかに, シャント調整器も発売されている(図 3.11).

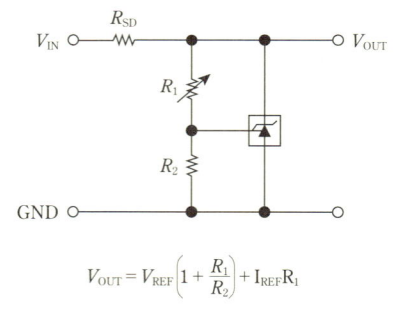

$$V_{OUT} = V_{REF}\left(1 + \frac{R_1}{R_2}\right) + I_{REF}R_1$$

図 3.11　シャント調整器の例.

さらに厳しい定電圧源を必要とするときには, 電池を使う. この際, 電池の電圧を監視する装置をつけ加えておき, できれば充電可能な電池を使って, 常時定電圧を保持するようにする. 出力電圧を可変にすることも容易である. ただし, 完全にゼロから出力電圧を可変にするには, ちょっとした工夫がいる. 出力をゼロから変化させるためには, 定電圧調整器 IC を 2 個使用する. 1 個の調整器を, 他方の調整器のバイアス電源として使用する. 実際の回路は図 3.12 のようなものである.

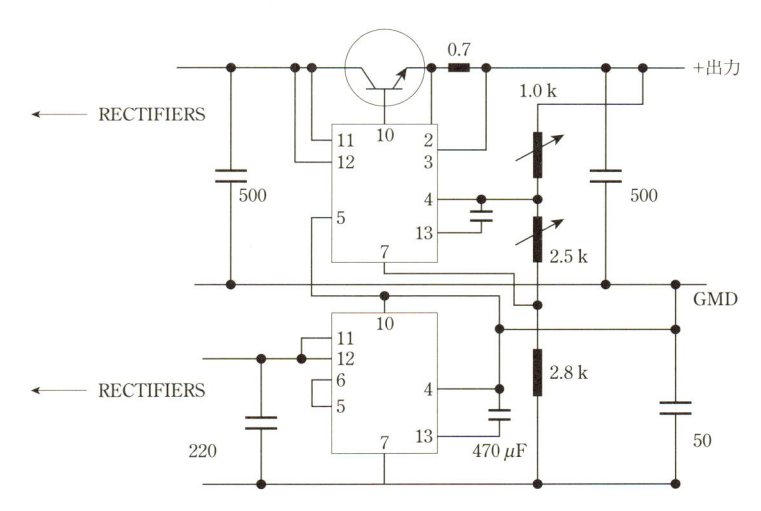

```
 14 13 12 11 10 9 8      1:接続なし        9:電源電圧
                         2:電流制限       10:出力電圧
        LM 725           3:電流感度       11:コントロール
                         4:逆入力         12:正電圧
                         5:非逆入力       13:周波数補償
  1  2  3  4  5  6  7    6:電圧標準       14:接続なし
                         7:負電圧
                         8:接続なし
```

図 3.12 ゼロまで変化できる定電圧電源の例.

3.2.2 定電流回路——これは意外にむずかしい

　三端子定電圧 IC で簡単にそこそこの定電圧回路ができるので，定電流回路も簡単に作れそうに思えるが，これがそう簡単にはいかないのである．定電流回路は，言ってみれば出力抵抗が無限大のソースであり，どんな外部抵抗を接続しても，常に一定の電流が流れるというのが理想的な定電流回路である．実際にはこのような電源を作ることができない．したがって，ある付加抵抗の変化の範囲を設定し，この範囲では一定の電流が保持できるというような回路を作ることになる．

　今，純抵抗の負荷に一定の電流 I_o を流すことを考えるわけであるから，この電流が変化しようとするときに，負荷に加わる電圧を変化させて，その電流変化を抑制する回路を作り上げればよいことになる．そこで，図 3.13 の回路を例に考えてみる．この回路では，R_s によって出力電流がチェックされる．

27

電流が変化しようとすると，その傾向は V_0 電圧の変化として反映される．この変化は帰還抵抗 R_f により入力に帰還され，V_0 と I_0 を本来の値に戻そうとするわけである．

電圧 V_0 は，

$$V_0 = V_r(R_f + R_1)/R_1 \tag{3.1}$$

$R_f \gg R_1$ とすれば，

$$I_0 = V_0/R_s = V_r(R_f + R_1)/(R_1 R_s) \tag{3.2}$$

で，電流 I_0 は負荷抵抗 R_1 に依存しなくなる．しかし，R_1 があまり大きくなると，定電流を維持することができなくなり，

$$I_0 = V_{cc}/(R_1 + R_s) \tag{3.3}$$

で変化してしまう．したがって，I_0 一定の条件を満たす R_1 の大きさは，

$$R_{1(max)} = V_{cc}/I_0 - R_s \tag{3.4}$$

となる．

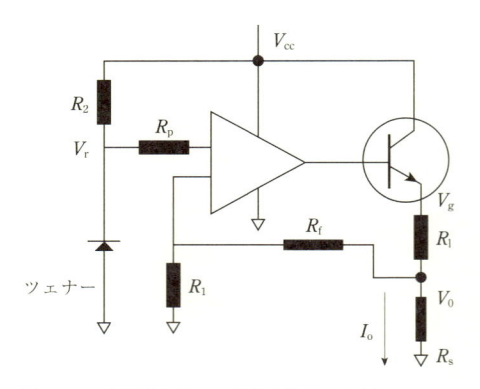

図 **3.13** 定電流回路 I．負荷は接地から浮いている．

負荷が接地から浮いているのはまずいという場合もある．このときには，演算増幅器を 2 個使用した図 3.14 のような回路とする．

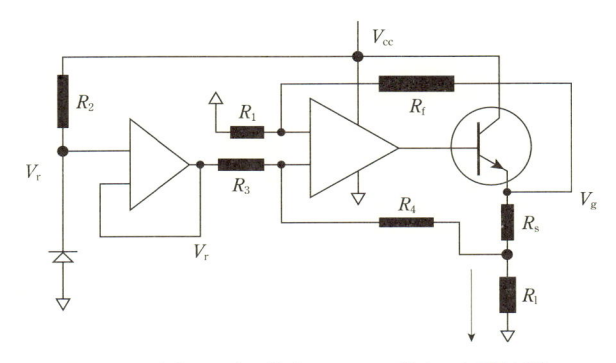

図 3.14　負荷の一方が接地されている場合の定電流回路.

この場合の回路設計の基本式は，次のとおりである．

$$\text{負荷抵抗 } R_l \text{への出力電流}\quad I_0 = V_r R_f / (R_1 R_s) \tag{3.5}$$

$$\text{電流源の出力抵抗}\quad R_{out} = R_s R / \Delta R \tag{3.6}$$

ここで，R は R_1, R_3, R_4, R_f のどれかである．R_1, R_3 に直列に小さな可変抵抗を挿入し，これを調整することにより，出力抵抗をほぼ無限大にすることができる．

$$\text{最大許容負荷}\quad R_{l(max)} = V_{cc}/I_0 - R_s \tag{3.7}$$

ここで，$R_f > 100 R_s$，$R_4 = R_f - R_s$，$R_1 = R_3 = R_f V_r / (V_{cc} - V_r)$，$R_2 = (V_{cc} - V_r)/I_0$ である．

3.3　計測増幅器を使ってみよう

2.2.4 項で，試料の温度を液体窒素温度から室温まで変化させるという項目があり，熱電対増幅器を使うことを述べた．ここでは熱電対増幅器について詳しく検討しよう．一般的に，熱電対の起電力は，図 3.15 に示すように非常に小さい．特に白金熱電対では，高温度でもきわめて微小な起電力しか得られない．そこで当然ながら，これを増幅して測定することになるが，単に増幅するだけならば，安価な IC を使ってやればそれですむのではないかと思われがちである．ところが，これはとんでもない考え違いである．筆者も以前，これで失敗を繰り返したものである．測定するたびに，ドリフトが大きくてゼロ点が

3章　電子測定器, 電子装置の試作 I

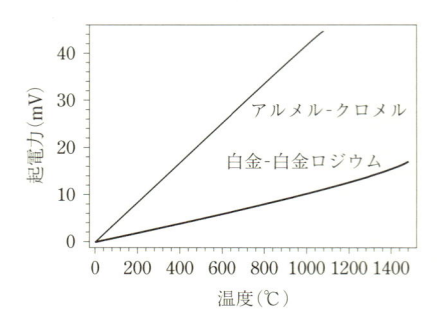

図 3.15　熱電対の起電力. 基準温度は 0℃ とする.

定まらないとか，ノイズが大きくて何を測定しているのかわからないとか，毎回ゲインの調整をしないと正確に測定できないといった問題に，さんざん悩まされたものである．これは，熱電対のみでなく，非常に微弱な起電力や信号を正確に捕え低雑音で増幅を行うという，より一般的な計測において非常に重要な問題となる．これらの問題を最小限に抑えて，十分にこの目的を達成するために考案されたアナログ集積回路は，計測増幅器 (instrumentation amplifier, IA) とよばれている．

3.3.1　計測増幅器は普通の演算増幅器とどこが違うのか？

演算増幅器 (operational amplifier, OA) は，一般にアナログ的な足し算，引き算，微分，積分といった演算を行う機能を，積極的に重視した能動素子である．一方 IA は，ひたすらに線形な差動増幅を行う能動素子として開発されたものである．OA のような動作が全くできないわけではないが，それは脇役のようなものであるので，目的が全く異なっている．そういうところから，IA は演算増幅器ではない！といわれている*.

IA は元来，いろいろな変換器，たとえば圧力，ひずみ，熱といった物理量を測定するためのセンサの出力を正確に増幅するために開発されたもので，センサからの差動入力を増幅し，最後にシングルエンドの出力に変換するように作られている．IA の基本回路は，3 個の OA で構成されており，これを図 3.16 に示す．

初段の A_1, A_2 は 2 つの差動入力アンプである．1 個の R_G のフィードバック抵抗よりゲインが決定される．感知と基準参照により，出力のスケールとオフ

---

*　この本では演算増幅器の説明は行わない．これに関しては，著名な教科書が多数出版されているので，それを参照されたい．

3.3 計測増幅器を使ってみよう

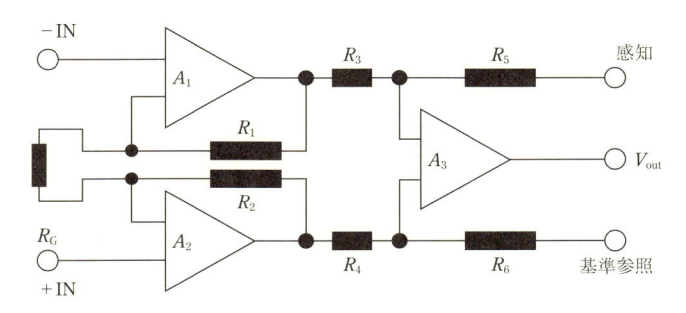

図 3.16 IA の基本構成.

セットの調整が行われる．最後の A_3 はバッファ用のアンプである．実際には，これにスーパーベータトランジスタのプリアンプなどが付け加えられて，性能が一段と強化されている．
1) 低雑音
2) 高ゲイン，高帯域
3) 高ゲインでも，高いコモンモード除去比(common mode rejection ratio, CMRR)を保持
4) 高ゲインで安定な動作

が実現され，単体の OA では実現不可能な高ゲイン増幅素子として動作するようになっている．

3.3.2 実際に計測増幅器により熱電対増幅器を作ってみる

ちょっと古い型の IA であるが，基本的には同じであるので，LX038C というタイプのものを取り上げよう．これは，16 ピンのデュアルインラインパッケージの IA で，現在はおそらく製造中止になっているかもしれないが，図 3.16 の回路に，入力側にトランジスタのプリアンプが接続されたタイプのものである．これは，National Semiconductor 社の LH0038C True Instrumentation Amplifier の相当品である．この IA は非常に簡単に利用できるので，たいへん便利である．図 3.17，3.18 にその IA を示す．6 - 10；6 - 9，10 - 5；6 - 10，5 - 9；7 - 10；8 - 10 の各ピンの接続の組合せを変えることにより，ゲインを 100，200，400，500，1000，2000 と変えることができる．これで，種々な特性を実測してみると，一応満足すべき結果が得られた．

最近の IA は豆粒のように小さくなっており，年寄りにはきわめて扱いにくいものになってきている．そこで，顕微鏡の下での作業が必要になってくる．

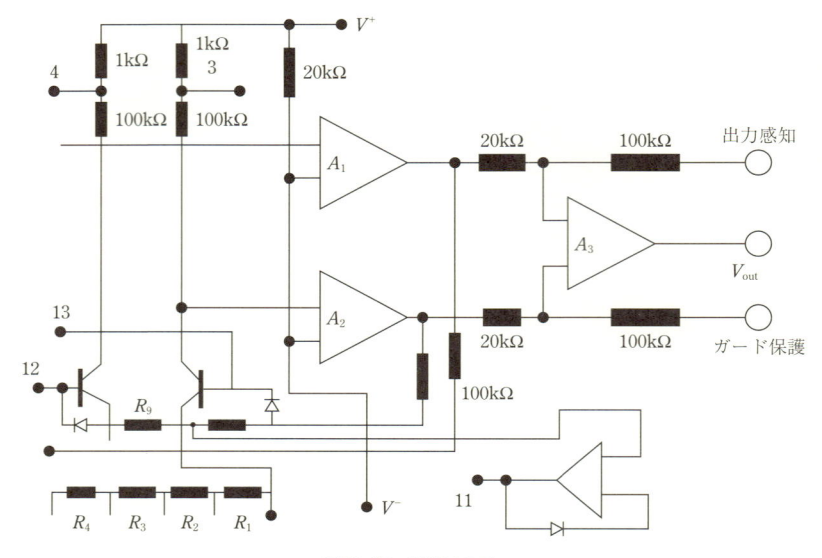

図 3.17　LX038C IA.

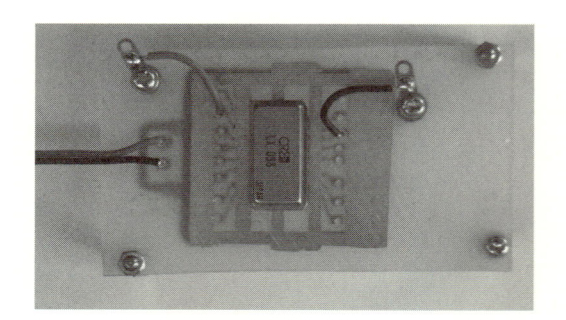

図 3.18　LX038C の実装例.

次図 3.19 は AD620 という IA の作製例であるが，正確にできてしまえばコンパクトにまとまっていて，なかなか使い勝手がよいものになる．

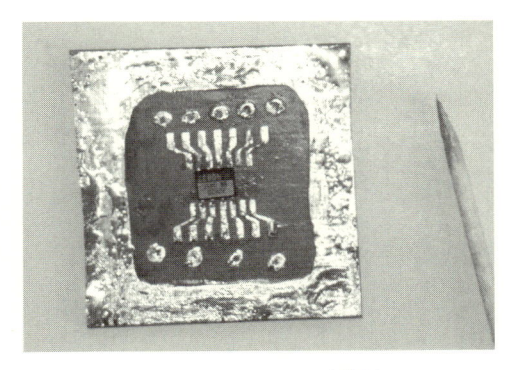

図 3.19　AD620 IA の実装例.

3.4　微小な信号を雑音の中から選び出す

　非常に微弱な信号を測定する必要に迫られる場合が，しばしばある．そこで，低雑音演算増幅器 (low noise operational amplifier, LNA) といわれているものを用意して，測定を試みたとする（図 3.20）．さて，これでうまくいく場合もたま

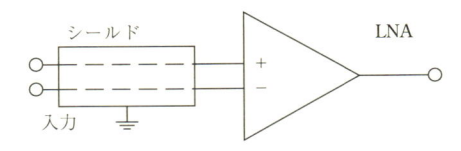

図 3.20　微小信号測定の試み.

にはあるが，物理的な微小信号の測定の場合には，図 3.21 に示すような出力によくなってしまう．
　あれ！　これはいったいなんだ！　低雑音増幅器と書いてあるので信用して作製したのに，雑音しか見えないというのはおかしいぞと思われるかもしれない．しかし，これはそのように思うほうがおかしいのである．回路図の説明どおりに作ったのに全く動作しないということはよくあることで，驚くほどのことではない．それは，回路図には，問題のデバイスの周りを取り巻く雑音環境については，何も書かれていないからである．デバイスが使われている環境は千差万別であり，それに関しては書きようがない．実際には，このような雑音の環境に増幅器は反応し，それが出力となって現われてしまう．

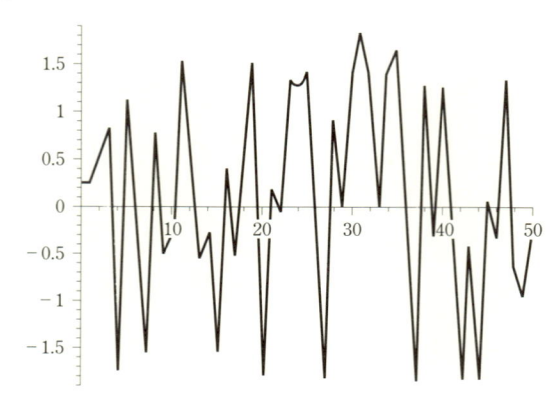

3章 電子測定器,電子装置の試作 I

図 3.21 雑音の中に埋もれた信号.

それでは,これはどうしようもないものなのかというと,それはまちがいであり,増幅器の開発の歴史は,雑音との戦いの歴史であるといっても過言ではない.昔は真空管が主役であり,これはヒータ電源をさらに必要とするために,現在のトランジスタとは違って,もう1つよけいな雑音源をもつという厄介なものであった.ところで,低雑音増幅器という場合に,どのようにその低雑音性が特徴づけられているのだろうか？

3.4.1 低雑音増幅器の雑音源

雑音は電子回路のガンというべきもので,雑音ほど取り扱いのむずかしいものは他に類がない.LNA回路の場合,LNA自体の雑音はある程度解析可能であるが,LNAが外部から拾う混信による雑音は,誠に始末の悪い雑音である.電源ラインからの電磁的なピックアップ,ラジオ放送波のピックアップや,スイッチング回路からのスパイクの誘導など,周りの環境により種々の雑音源が存在する.これらの雑音を抑制するには,さまざまな注意が必要になる.

1) 電源からの雑音：フィルタで除去する.
2) 電源トランスからの雑音：トランスの向きを変更して,電磁結合の最小な向きを選ぶ.
3) 放送波の誘導：シールドをよくして進入を防止.
4) 振動による雑音：機械的な結合を低減,入力端子のシールドをよくする.
5) PC ボード：表面全体のクリーニングをよくする.絶縁にはテフロンなどを利用してリークを防止.
6) 入力のインピーダンスをできるだけ小さくする.これは必ずしもいつも

可能ではないが，場合によっては有効な方法となる．
といった点に，十分な注意をする．残念ながら，混信による雑音を完全に阻止するための一般的な理論は存在しない．

LNA自体の雑音は，図3.22のようにモデル化されている．このモデルは，雑音のない理想的な増幅器に，各入力端子と共通端子間の電流雑音源，入力に直列に入っている電圧雑音源から構成されており，これらの雑音源は互いに独立であるとする．

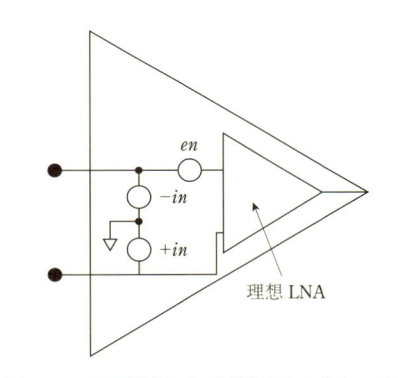

図 3.22 電圧雑音および電流雑音の基本モデル．

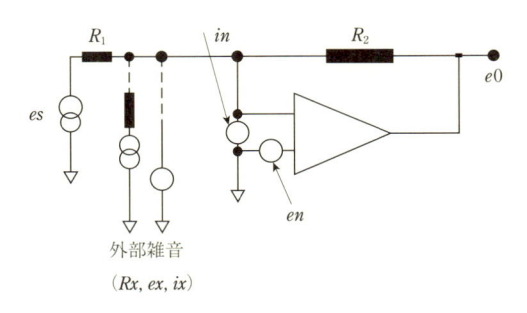

図 3.23 外部および内部雑音源．

総括的な雑音の等価回路を図3.23に示す．このときの雑音出力 $e0$ は，

$$e0 = es(R_2/R_1) + ex(R_2/R_x) + ix\, R_2 + in\, R_2 + en(1 + R_2/R_1 + R_2/R_x) \qquad (3.8)$$

ここで，$e0$, ex, ix, in, en は RMS 値を表す．RMS 値は，

3章 電子測定器,電子装置の試作 I

$$ERMS = \sqrt{\frac{1}{T}\int_0^T e(t)^2\, dt} \tag{3.9}$$

で表され,T は測定される時間間隔,$e(t)$ は瞬時の雑音電圧である.

A. 雑音の種類

カタログなどを見ると,いろいろな雑音(ノイズ)の名前がいきなり出てきて,とまどうことが多い.一般的によく出てくる雑音は,次のとおりである.

1) ジョンソン雑音:抵抗を流れる電子流のランダムな運動に基づく雑音で,

$$ERMS = 2\sqrt{kTRB} \tag{3.10}$$

ここで,k は Boltzman 定数(1.38×10^{-23} J/K),T は絶対温度,R は抵抗(Ω),B はバンド幅(cycle/s)である.

2) ショットキー雑音:トランジスタの接合を電流が通過するときに発生する電流雑音

$$I = 0.00004373815425\sqrt{IB} \tag{3.11}$$

ここで,I は接合を通過する電流,B はバンド幅である.

3) $1/f$ 雑音(フリッカー雑音):100 Hz 以下の低周波で,きわめて大きな振幅をもつ雑音で,このバンド帯では,1)および 2)よりもはるかに大きな雑音である.$1/f$ 雑音はミステリアスな雑音で,その正体はほんとうにはよく解明されていない.

4) ポップコーン雑音:ある種の集積回路のトランジスタにみられる雑音で,200 pA,50 ms 程度の間隔で,パルス状の雑音が発生する.

B. 雑音密度スペクトル

雑音は周波数スペクトルのすべての領域に存在し,抵抗や増幅器への雑音の寄与は周波数領域によって異なる.雑音というときには,雑音の周波数密度について述べるということが最も合理的な方法であろう.スペクトル雑音密度 en は,

$$\begin{aligned} en^2 &= d(E_n^{\,2})/df \\ En &= \sqrt{\int_{f_1}^{f_2} en(f)^2\, df} \end{aligned} \tag{3.12}$$

で定義される.

スペクトル雑音密度の観点からすると，最も注目すべき雑音は，ピンクノイズとよばれるもので，en が $(1/f)^{1/2}$ に比例する雑音である．これは低周波領域において圧倒的に大きな雑音スペクトルを形成するので，これを除去することが，雑音を低減する主要な目標となる．実際の LNA の en の例を次に示す．

  AD 8572 51 nV/$\sqrt{\text{Hz}}$ AD829 1.7 nV/$\sqrt{\text{Hz}}$
  OP07 9.6 nV/$\sqrt{\text{Hz}}$ OP2177 7.9 nV/$\sqrt{\text{Hz}}$

通常は，1 kHz における雑音密度を示している．

 雑音を低減するには種々の方法が考えられるが，その主要なものは次の3つである．
1) 信号がある特定の周波数をもつことがわかっている場合，同調増幅器を使用する．
2) ロックインアンプ
3) ボックスカー積分器

3.4.2 信号に同調した増幅器

 増幅器の入力段にフィルタを置いて，希望する信号以外の信号の進入を阻止すれば，雑音を除去することができる．これは信号の周波数が比較的高い場合には有効であろう．バンドパスのフィルタを付け加える（信号の周波数が，電源周波数などに比較して高い場合には有利な方法である）．

 最も簡単な場合を想定すると，ピンクノイズの大きな周波数帯域（0～1 kHz）の雑音が入らないように，高域フィルタを増幅器の前に設置すれば，これを除去することができる．ただし，信号はもちろんこのフィルタの通過領域にあるものとする．また，信号の周波数を含む狭帯域幅の通過帯域フィルタを設置すれば，さらに雑音の低減になる．

 LNA を使うフィルタは能動フィルタとよばれ，多少のゲインをもつフィルタである．フィルタの設計に関しては豊富な文献があり，また，誰でもすぐに使えるフィルタ設計用のソフトも多数発売されている．これを参考にすれば，低周波から中間周波数帯のフィルタならば，容易に自作できる（フィルタの設計については第 8 章を参照）．

3.4.3 ロックインアンプとその試作

 ロックインアンプによる微小信号の測定については，「北野進編，計測トラブル 110 番，オーム社（2003）」に理解しやすい解説が掲載されている．㈱ＮＦ回路設計ブロックの会長が編集したものであり，現場で長年蓄えられたノウハ

ウの基盤に立った記述であるから,説得力のあるすばらしい本である.こうなると,筆者が付け加えることは何もないので全く弱ってしまう.
とにかく,自分流に話を進めてみよう.いま,

$$V_{\rm in}(t) = V_0 \cos(\omega t) \tag{3.13}$$

という信号があるとき,V_0 を測定することを考える.交流電圧計あるいはオシロスコープでこれをはかるというのが,最も簡単な方法であるが,一般には,入力の信号は(3.13)式のような単色なものではなく,

$$V_{\rm in}(t) = V_0 \cos(\omega t) + V_{\rm n}(t) \tag{3.14}$$

となっており,ここで $V_{\rm n}(t)$ はバックグラウンド雑音で,よく遭遇する場合では,

$$|V_{\rm n}(t)|^2 \gg |V_0|^2 \tag{3.15}$$

である.信号は雑音のなかに埋もれていて見えない.ロックインアンプは,この埋もれた信号を雑音の中から拾い上げる道具である.

ロックインアンプのブロック図を描くと,図3.24のようになる.図に示すように,ロックインアンプは,1)入力増幅器,2)電圧制御発振器(VCO),3)掛け算器(phase sensitive detector, PSD),4)低域フィルタ,5)直流増幅器の5つのブロックで構成されている.これらの各ブロックについてその役割を説明しよう.

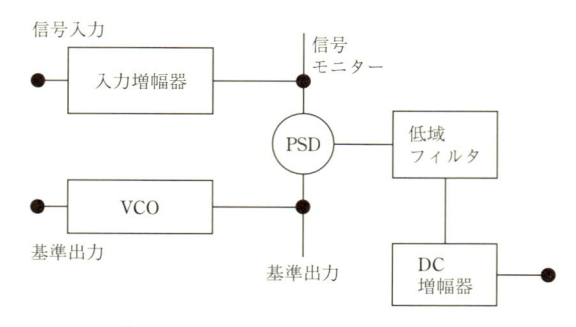

図 **3.24** ロックインアンプのブロック図.

1) 入力増幅器:これは AC 増幅器で,低雑音,低ドリフトの演算増幅器に可変フィルタが組み合わされたものであり,信号を選択的に増幅するようになっている.

2) 電圧制御発振器：これは基準信号（周波数と位相）と同期した発信器である．場合によっては，可変位相シフト回路を備えると便利な場合がある．これはロックインアンプの心臓部の1つで，入力信号はこの基準信号と同期したもののみが増幅され，同期しないものは無視されるために，雑音は極端に低減される．簡単にいえば，オシロスコープのトリガーみたいなものである．

3) 掛け算器：ロックインアンプの最も重要な部分である．機能としては掛け算器であり，2つの信号，V_1, V_2 に対して，$V_1 \times V_2$ の出力を生み出す．この説明は不十分なものであり，十分な説明を必要とするが，これは4.4.1.C 項で説明する．

4) 低域フィルタ：普通は RC のアナログフィルタが用いられるが，最近ではデジタルフィルタも使われているようである．

5) 直流増幅器：DC から 10 kHz 程度の高ゲインのものである．

次に，時間のドメインにおけるロックインアンプの動作を説明する．信号 $V_0 \cos(2\pi ft)$ が入力端子に加えられると，増幅器とフィルタによりこの信号は，

$$V_{\mathrm{ac}}(t) = G_{\mathrm{ac}} V_0 \cos(2\pi ft) \tag{3.16}$$

となる．VCO の出力を，

$$V_{\mathrm{VCO}}(t) = E_0 \cos(\omega t + \varphi) \tag{3.17}$$

とすると，PSD の出力は，

$$V_{\mathrm{PSD}}(t) = G_{\mathrm{ac}} V_0 E_0 \cos(\omega t) \cos(\omega t + \varphi) \tag{3.18}$$

いま，$\varphi = 0$ とする．このとき，(3.18)式は，

$$V_{\mathrm{PSD}}(t) = (1/2) G_{\mathrm{ac}} V_0 E_0 (1 + \cos(2\omega t)) \tag{3.19}$$

となる．V_0 に比例する直流電圧と，V_0 に比例する2倍の高調波の出力が得られることになる．

ここで，この出力を　低域フィルタを通過させ，第二高調波を十分に減衰させた後に，最後に直流増幅すれば，目的の信号が得られることになる．低域フィルタは，指数積分器の役割を演ずるので，雑音はここでも十分に減衰させられる．

これを，パワースペクトル密度で眺めてみると，ロックインアンプの各部動作がより鮮明になるであろう．たとえば，ロックインアンプの入力信号のパワー

スペクトル密度が，図 3.25 のようであるとする．本来の信号は 199 Hz で，わずかなスパイクであるが，他は電源やその高調波のスパイクが多数バックグランド雑音の上に載っており，ゼロ周波数近辺の雑音は，$1/f$ 雑音である．

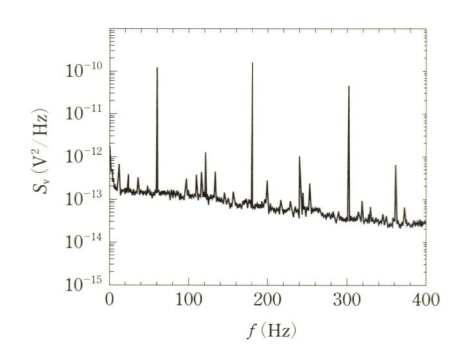

図 3.25　入力信号のパワースペクトル密度．

AC 増幅器のあとでは，199 Hz の信号が選択的に増幅される（図 3.26）．PSD のあとでは，信号はゼロ周波数と 398 Hz の位置にくる．$1/f$ 雑音に起因する信号は，199 Hz を中心に幅広い雑音を形成する．

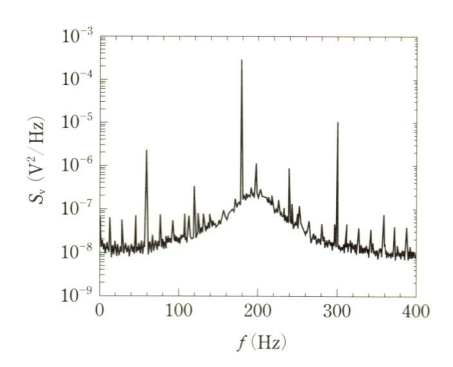

図 3.26　PSD の出力のパワースペクトル密度．

最後の DC アンプの出力におけるパワースペクトル密度は，低域フィルタの時定数に依存するが，たとえば 1 秒とすると図 3.27 のようになる．これからわかるように，ロックインアンプは高い Q をもつ狭帯域増幅器を構成している．実際のロックインアンプでは，基準信号として矩形波が使われる場合が多

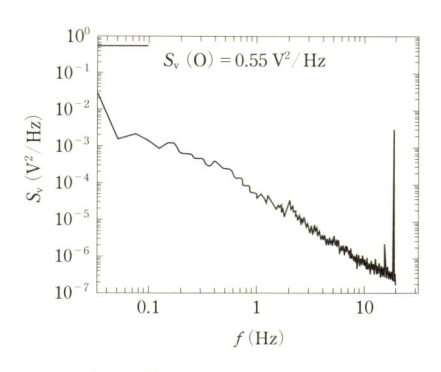

3.4 微小な信号を雑音の中から選び出す

図 3.27 DC 出力 + 低域フィルタのパワースペクトル密度.

いが，矩形波をフーリエ級数に展開すれば，主要な成分は sin 基本周波数なので，上の議論はこれで大幅にかわることはない．

NF 回路ブロックでは，各種の電圧同調フィルタと PSD を発売しているので，これらにより，めんどうな回路を組み立てなくても，簡単にアナログ型ロックインアンプを自作できる．回路を LCN などでこつこつと作りたい向きには，次の論文が参考になるだろう．

  L.C. Caplan, R. Stern, *An Inexpensive Lock-in Amplifier, Rev. Sci. Instrum.*,
  42, 689-695（1971）

1 Hz 〜 5 MHz までの本格的なアナログロックインアンプの，詳細な自作解説である．

3.4.4 ボックスカー積分器

信号の周波数があまり高くないとき，たとえば 100 Hz 〜 150 kHz といった領域の繰り返し信号が出るときには，比較的簡単で安価な回路により，S/N 比を 40 db ぐらい改善することができる．これは，ボックスカー積分器とよばれる装置であるが，これについて説明しよう．

まず，入力信号とタイミングパルスの関係を図 3.28 に示す．繰り返しの駆動パルスが系に加えられる．出力は，駆動信号と雑音の合成された信号である．この出力は，τ だけ遅れてサンプリングされる．サンプリング時間 τ_g の間，この信号は RC フィルタに加えられる．多数のサンプリング信号がこのフィルタに加えられると，雑音成分は平均化されてゼロに接近し，容量の電圧は，信号のみの電圧となる．積分器の周波数応答は，τ_g によって制限を受ける．信号

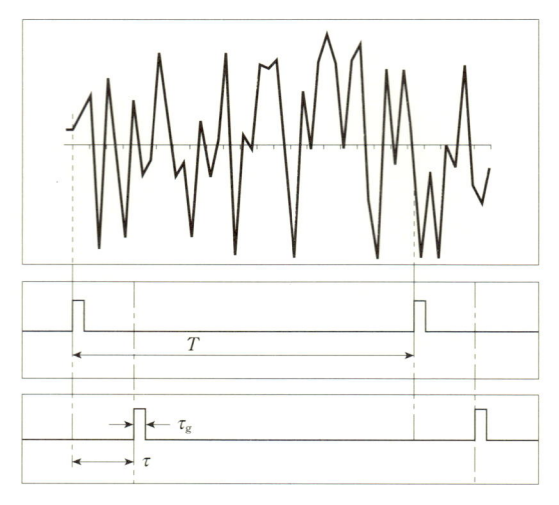

図 3.28 信号とタイミングパルスの関係.

が $\sin(\omega t)$ であるとすると，積分器の応答 $R(\tau)$ は，

$$\begin{aligned}R(\tau) &= \frac{1}{\tau_g} \int_{\tau}^{\tau+\tau_g} \sin(\omega t) dt \\ &= \frac{\cos(\omega \tau) - \cos(\omega(\tau+\tau_g))}{\tau_g \omega} \\ &= \frac{2\sin\left(\omega \tau + \frac{1}{2}\omega \tau_g\right)\sin\left(\frac{\omega \tau_g}{2}\right)}{\omega \tau_g}\end{aligned} \quad (3.20)$$

したがって，$\omega\tau_g = 1$ とすると，移相は 28 度となり，振幅も 4 % 程度減少することになる．

　ボックスカー積分器には，サンプリング回路，サンプリング用のパルス駆動回路，RC フィルタ回路，時間遅延回路が必要になる．これらの回路を全部揃えるとなると，かなりたいへんな話になってしまうが，オシロスコープがあれば，これを活用することができる．たいていのオシロスコープには，遅延掃引機能がついているので，これを利用すれば適当な τ を得ることができる．時間軸のゲートパルスをサンプリングパルスとして使えば，これであとはサンプリング回路と RC フィルタ回路だけですむ．図 3.29 に回路例を示しておくが，サンプリング回路に関しては第 4 章に詳しく述べるので，これを参照されたい．

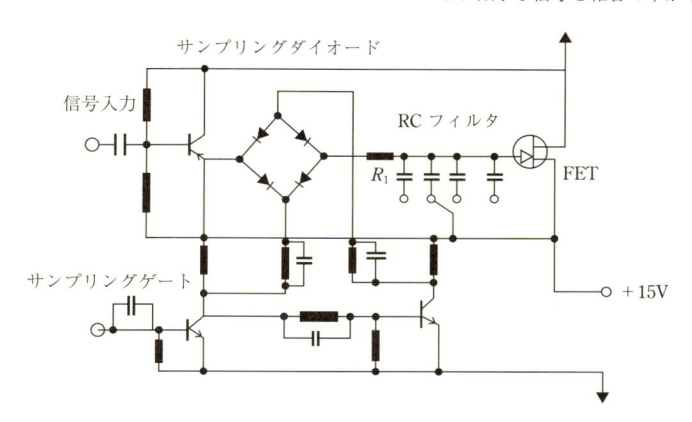

3.4 微小な信号を雑音の中から選び出す

図 3.29 ボックスカー積分器の例.

　このほかに，コンピュータの助けを借りた各種の雑音低減の手法が提案されている．信号の相関をとる方法などは魅力的ではあるが，回路構成がけっこう複雑なので，ここでは省略する．興味ある読者は次の参考文献を参照されたい．

P. Klein, G. Barton, *Rev. Sci. Instrum.,* **34**, 7549 (1963)

Hewlett-Packard Journal, April (1968)

R.R. Ernst, *Rev. Sci. Instrum.,* **36**, 1689 (1965)

4章 電子測定器, 電子装置の試作 II
―材料科学の研究で最も有用な電子測定はインピーダンスの測定である

4.1 インピーダンスとは何か？

インピーダンス（impedance）は, 一般に電子回路, 電子部品材料の交流の入力に対する応答（response）から定義される量で, 交流電圧（ac voltage）に対する交流電流（ac current）の流れにくさを表す量である. 直流の電気抵抗は, 周波数がゼロのインピーダンスということもできる.

まず, 図4.1のようなR, L, Cの直列回路を考える. この回路の方程式は, 流れる電流を$i(t)$とすると,

$$deq_1 = L\left(\frac{d}{dt}i(t)\right) + Ri(t) + \frac{1}{C}\int i(t)\,dt = V(t) \tag{4.1}$$

$i(t) = \frac{d}{dt}Q(t)$ を(4.1)式に代入すると,

$$deq_2 = L\left(\frac{d^2}{dt^2}Q(t)\right) + R\left(\frac{d}{dt}Q(t)\right) + CQ(t) = V(t) \tag{4.2}$$

となる.

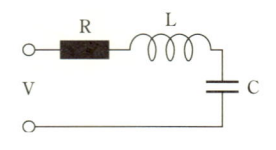

図 **4.1** RLC 直列回路.

4.1 インピーダンスとは何か？

$$V(t) = V_0 \cos(\omega t) \tag{4.3a}$$

の正弦波であるとすると，電流も正弦波的に変化し，

$$i(t) = i_0 \cos(\omega t + \phi) \tag{4.3b}$$

と表されるであろう．(4.3a)，(4.3b)式を(4.1)式に代入すると，

$$Ri_0 \cos(\omega t + \phi) - i_0 \left(\omega L - \frac{1}{\omega C}\right) \sin(\omega t + \phi) = V_0 \cos(\omega t) \tag{4.4a}$$

ここで，

$$R = Z\cos(\phi), \quad \omega L - \frac{1}{\omega C} = -Z\sin(\phi)$$

とおくと，

$$Zi_0 (\cos(\phi)\cos(\omega t + \phi) + \sin(\phi)\sin(\omega t + \phi)) = V_0 \cos(\omega t) \tag{4.4b}$$

となり，これは，

$$Zi_0 \cos(\omega t) = V_0 \cos(\omega t)$$

であるので，

$$V_0 = Zi_0 \tag{4.5}$$

となる．これは交流回路のオームの法則ともいうべきもので，Zはこの回路のインピーダンスといわれる．これは正統派流のインピーダンスの導入である．(4.4a)，(4.4b)式から，我々は直感的に，インピーダンスは複素数で表されることがわかる．

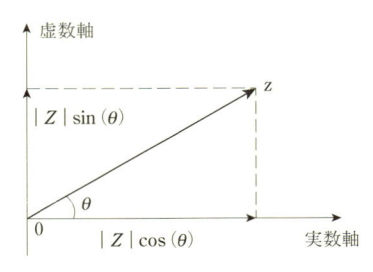

図 **4.2** インピーダンスの複素数表示．

(4.4a), (4.4b)式を参照すれば, RLC 直列回路の場合には, 虚数軸は,

$$1/\omega C - \omega L = \omega C(1 - \omega^2 LC) \tag{4.6}$$

の値をとり, 一方, 実数軸は R の値となる. ここで, ω は角周波数または角振動数とよばれ, $\omega = 2\pi f$ である (f は振動数). これからすぐわかることは, (4.6)式がゼロとなる ω では, インピーダンスの虚数部はゼロで, 回路は純抵抗 R のみになってしまう. これを RLC 回路の直列共振という. このように, 複素数平面を使って表示されたインピーダンスは, 複素インピーダンスという.

いきなり複素平面が持ち出されたので, 狐につままれた感じの読者もいるかもしれないが, これは論理的につじつまの合った話である. 電圧や電流というときには, これらの量は実数でなければならない. 電圧 V は,

$$V = V_0 \exp(I\omega t) = V_0 \cos(\omega t) + I V_0 \sin(\omega t)$$

である. 指数関数の形に表示しておくと, 微分, 積分, 掛け算, 割り算は非常に簡単になる. 最後の答えの実数部のみをとることにすれば, 問題は起きない. これは, 回路が線形であるということによる. 非線形の場合には, 実際の電流, 電圧というものをよく考えて取り扱わないと奇妙なことになるので, 要注意.

インピーダンス Z は, 一般的に,

$$Z = R + IX \tag{4.7}$$

と表され, X はリアクタンス (reactance) とよばれる. RLC の直列回路では,

$$Z = R + I(\omega L - 1/\omega C)$$

となる.

インピーダンスの逆数は, アドミッタンス (admittance) とよばれ, 交流回路の計算を行う場合に, アドミッタンスを使用するほうが便利な場合もある.

$$Y = G + IB \tag{4.8}$$

ここで, G はコンダクタンス (conductance), B はサセプタンス (susceptance) とよばれる.

よく言われることであるが, 交流回路を扱うと, 上のようにたくさんのタンスという語尾のつく術語が出てくる. 電子回路はタンス持ちなのである.

上に述べたことからすぐわかることは, 交流の応答には, 2つの情報が含まれているということである. インピーダンス (あるいはアドミッタンス) を正確

に測定すれば，その実数部と虚数部が測定されることになり，虚数部の周波数依存性も明らかになる．これは，直流の測定から得られる情報よりは，はるかに多くの情報が得られるということを意味している．

4.2 インピーダンスの測定から何がわかるのか？

4.1 節でインピーダンスのおおよその概念を説明したが，それでは実際には，どのようなことがこの測定からわかるのか？ ということについて議論しよう．具体的な例として，今，あるセラミックス材料を作製したとする．これを平行な円板状の試料に加工したとしよう．この試料の誘電率を測定する．試料の誘電率を一様と仮定し，かつ誘電率の方向依存性はないものとしよう．相対誘電率を ε とすると，

$$k = \varepsilon/\varepsilon_0 \tag{4.9}$$

ここで，ε_0 は真空の誘電率で，8.854×10^{-12} (F/m) である．

一般的な材料の複素相対誘電率は，

$$k = k_r - ik_i \tag{4.10}$$

と表される．これを図 4.3 に示す．D は誘電体の損失係数とよばれる．

$$\tan(\theta) = k_i/k_r = D \tag{4.11}$$

平行平板コンデンサの電気容量 C は，初等電磁気学によれば，

$$C = \varepsilon_0 kS/d \tag{4.12}$$

で与えられる．ここで，S は試料の表面積，d は厚みである．そこで，この試

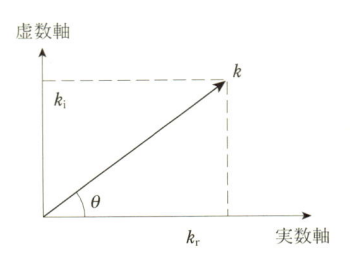

図 4.3 複素相対誘電率．

料の等価回路を図 4.4 のように表すことにしよう．これはアドミッタンスによる表示であり，この場合には，R_p と C_p の並列回路になっている．(4.12)式より，

$$G = \omega \varepsilon_0 k_i S/d \tag{4.12a}$$

$$C_p = \varepsilon_0 k_r S/d \tag{4.12b}$$

となる．したがって，コンダクタンス G と容量 C_p が測定されると，複素誘電率がわかることになる．

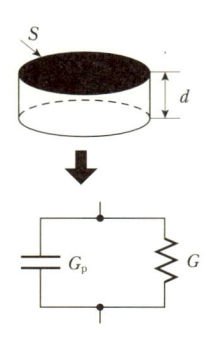

図 4.4 試料の等価回路．

C_p と G が分離してそれぞれ独立に測定できれば，この試料の複素誘電率が原理的に決定できる．原理的にと断ったのには，それなりの理由がある．C_p や G の測定は，ここで述べたほど単純には測定できない．これは，平行平板コンデンサにおける電場の正確な分布がどのようなるかを考えれば，理解できることである(4.3 節参照)．

一般に，半導体セラミックスの誘電率は定数ではなく，特異な周波数依存性を示す．これは，材料の物理学における"乱れた系"が固有にもっている特質に強く依存した性質である．しかもこの特性は，いまでも完全には解明されていない多くの問題を含んでいる．これは，材料のインピーダンスの測定というものが，直接的に物理学の最先端の問題にかかわってくるということを意味している．

超伝導体材料を作製したとしよう．この場合には，誘電率ではなくて透磁率というものを，インピーダンスの測定から求めることになる．これから，超伝導体の遷移温度はもちろんのこと，試料全体のうち，どの程度の部分が超伝導体になっているかを知ることができる．電気抵抗を測定した場合には，一方の

電極から他の電極まで超伝導体の部分が連結していないと，正確な超伝導遷移温度は測定できない．インピーダンスの測定では，そのような条件がなくても，超伝導体になっているかどうかを観測することが可能になる．インピーダンスの測定から何がわかるか？　というよりは，この測定は物理学のどのような問題にかかわってくるのか？　といったほうが適切なのかもしれない．ただしこの問題は，物性物理学の分野でも最もむずかしい問題の1つであり，それを理解するには多くの専門書を読破しなければならない．これは本書の目的をはるかに超えるものであるので，ここではこれ以上の説明は省略するが，インピーダンスの測定がきわめて重要な意味をもっていることだけは，覚えておく必要があろう．

4.3　なぜインピーダンスの測定はむずかしいか？

　長いリード線をもった抵抗を例にとろう．直流でこの抵抗の測定を行うと，抵抗が極端に小さくないかぎり，あるいは極端に大きな抵抗でないかぎり，あまり問題なく抵抗の測定が実行できる．ところが，高周波の交流を使う場合は話が違ってくる．リード線はインダクタンスをもつために，図4.5のようになってしまう．つまり，純粋な抵抗だと思っていたものが，そうではなくなる．純粋なコンデンサと思っていたところが，そうではなくなるということもある．さらに，平行平板コンデンサは理想的に考えられたもので，その電場分布を考えると，エッジ効果というものを考慮しなければならない．

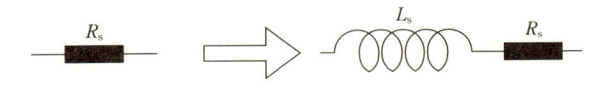

図 **4.5**　抵抗の等価回路．

　コンデンサの外側端の部分では電場の平行性が乱れてしまい，電気容量が小さい場合には，計算と大きな差が発生してしまう．これを防ぐためには，図4.6

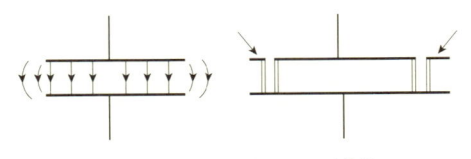

図 **4.6**　コンデンサのエッジ効果．

のように,周りにガードリングとよばれる部分を接続して,この端の電場の乱れを補償して測定を行なければならない.このような補償を正確に実行するために,電子測定器メーカーでは,多様な測定用アクセサリーを用意している.図 4.7 は,HP 社で用意されているアクセサリーの例である.

1) まず必要なことは,リード線のようなインダクタンスを持ち込むような部分をできるだけ削除する必要がある.
2) 抵抗,コンデンサを使用する場合は,高周波用のリード線のない表面実装型ものを使用する.

といったことに注意する.また,誘電体の正確な測定には,それに適合するアクセサリーを捜し求めるか,類似のものを試作して使用するという工夫も必要である.

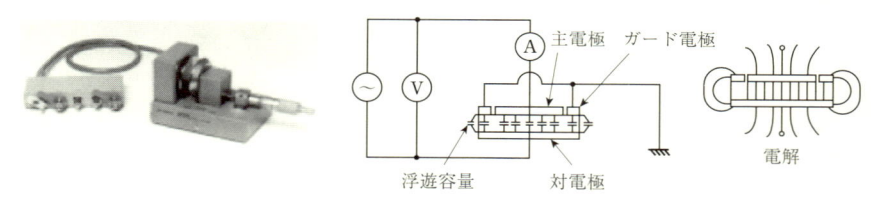

図 4.7 HP 社の誘電体測定用アクセサリー.

4.4 インピーダンスの測定

被測定回路のインピーダンス Z を,

$$Z = R + IX \tag{4.13}$$

とするとき,これに V なる電圧を印加すれば,回路に流れる電流 I は,

$$i = VR/(R^2 + X^2) - IVX/(R^2 + X^2) \tag{4.14}$$

となり,したがって,電流の実数部 i_r は,

$$i_r = VR/(R^2 + X^2) \tag{4.15a}$$

虚数部 i_i は,

$$i_i = -VX/(R^2 + X^2) \tag{4.15b}$$

4.4 インピーダンスの測定

となる．これは，X がゼロでないかぎり，電流は電圧に対して位相が遅れたり，あるいは進んだりするということを表している．これより，線形な回路の場合には，電圧を印加したときの応答電流の大きさと位相の両方を測定すれば，問題のインピーダンスは完全に決めることができるということがわかる(図 4.8)．

$$\tan(\theta) = -R/X$$

または，

$$\theta = \tan^{-1}(-R/X) \tag{4.16}$$

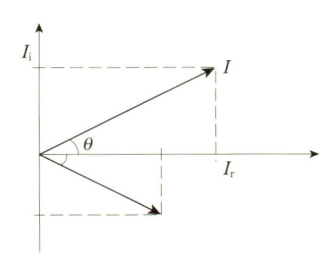

図 4.8 電流の位相．虚数軸の大きさは，X の中身に依存する．

いま LRC 直列回路を例にとり，$R = 10\,\Omega$，$L = 10^{-6}\,\mathrm{H}$，$C = 10^{-7}\,\mathrm{F}$ とすると，インピーダンスの絶対値は，角周波数 ω に対して，図 4.9 のように変化する．回路は，$\omega^2 = 1/LC$ の周波数で直列共振を起こし，純抵抗のみとなる．このインピーダンスの場合，周波数が共振周波数より低い場合には，虚数部は負の値をもち，一方，共振周波数よりも高い周波数では，虚数部の値は正になるので，共振点でインピーダンスの位相は負から正に反転する．

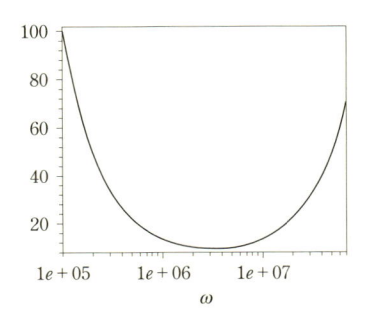

図 4.9 インピーダンスの角周波数依存性．

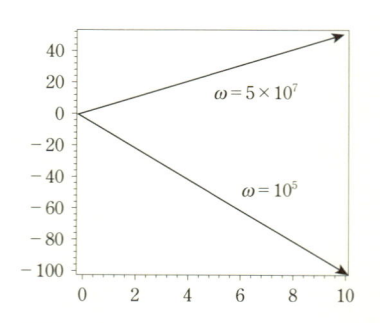

4 章　電子測定器，電子装置の試作 II

図 **4.10**　具体的なインピーダンスの位相関係.

4.4.1　交流ブリッジインピーダンスの測定

交流ブリッジは，図 4.11 のように構成されている．このブリッジの平衡条件は，A 点と B 点の電位差がゼロということで，したがって，

$$Z_1 Z_4 = Z_2 Z_3 \tag{4.17}$$

である．Z_1 を未知にインピーダンスとすれば，

$$Z_1 = Z_2 Z_3 / Z_4$$

で，Z_2, Z_3, Z_4 が既知であれば，未知の Z_1 を知ることができる．

(4.17)式は，実数部と虚数部がそれぞれ等しくなければならない．

$$\mathrm{Re}(Z_1 Z_4) = \mathrm{Re}(Z_2 Z_3) \tag{4.18a}$$

$$\mathrm{Im}(Z_1 Z_4) = \mathrm{Im}(Z_2 Z_3) \tag{4.18b}$$

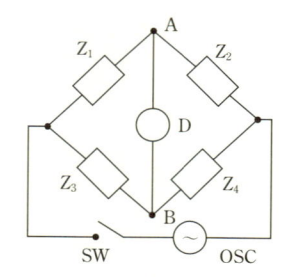

図 **4.11**　交流ブリッジ.

実際には，この平衡をとるために2つの素子を調整する必要がある．測定対象が L か C か，あるいはインピーダンスかといった測定対象により，また周波数，精度などにより，各種の交流ブリッジが考案されている．そのうちから，読者と関係ありそうな点から，変成器ブリッジとアクティブブリッジいうものを取り上げてみる．

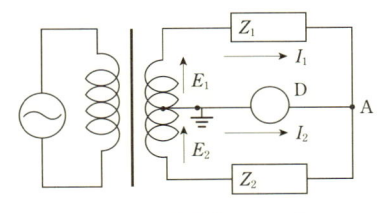

A. 変成器ブリッジ

変成器ブリッジは，図4.12に示すように，比例辺に変成器を使用するブリッジである．いま，ブリッジが平衡状態 ($I_1 = I_2$) にあると，

$$E_1/Z_1 = E_2/Z_2 \tag{4.19}$$

となる．変成器の巻き数を N_1, N_2 とすると，E_1, E_2 は同相であるから，

$$E_1/E_2 = N_1/N_2$$

したがって，

$$Z_1 = (N_1/N_2)Z_2 \tag{4.20}$$

となる．変成器ブリッジでは，インピーダンス Z_1, Z_2 からみた変成器のインピーダンスは十分に小さく，さらに平衡状態でのA点の電位はゼロであるので，浮遊インピーダンスの影響を受けないという特徴がある．しかしながら，高精度の測定を行うためには，正確にバランスのとれた交流変成器が必要であり，また高周波におけるインピーダンスの測定は，交流変成器の浮遊容量が存在するために困難になる．

実際に研究室用に試作された変成器ブリッジのバランスをとるには，手動操作が必要であるが，簡単に作成できるので，あまり高精度を必要としない用途に便利な測定器である．

図 **4.12** 変成器ブリッジ．

B. アクティブブリッジ

演算増幅器などのアクティブな素子を用いたブリッジは，アクティブブリッジという．図 4.13 はその基本回路である．ゲインが 1 と −1 の演算増幅器が用いられている．演算増幅器の出力インピーダンスは，無視できるほど小さい．ブリッジが平衡状態にあるとき，検流器に流れる電流はゼロである（$I_s = I_x$）．

$$E/Z_x = E/Z_s \tag{4.21}$$

$$Z_x = Z_s \tag{4.22}$$

Z_x，Z_s 側からみた増幅器のインピーダンスが小さいので，雑音，浮遊インピーダンスの影響を受けにくい．

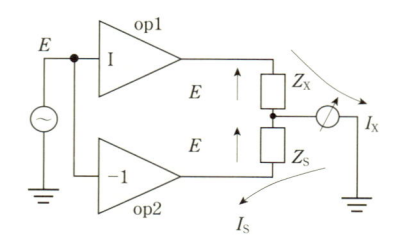

図 4.13 アクティブブリッジの基本回路.

図 4.14 の回路は，自動的に平衡をとるようにしたブリッジ回路である．これらの回路は，実際に発売されている LRC メータによく使用されている回路である．

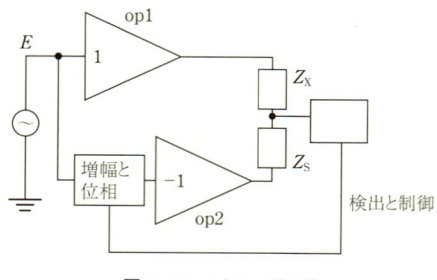

図 4.14 ブリッジ回路.

4.4.2 位相の測定法

電流の振幅とその位相の測定から，インピーダンスが決定されることになる．振幅の測定は比較的簡単にできると思うが，位相はどうやって測定したらよいであろうか？　位相差測定の手法は，大別すれば次の3つになるだろう．

1) 二重平衡ミクサ(double balanced mixer，DBM)を利用する方法．
2) 入力と出力を理想的な矩形波に変換して，矩形波間の遅延時間を測定する方法(ここでは pulse conversion method，PCM)という名前をつけることにする)．
3) 位相検波器(phase sensitive detection，PSD)掛け算器を使う方法．
4) 交流の周波数が高い場合には，サンプルホールド回路により RF 信号を低周波信号に変換．この下方変換において，入力信号と応答信号の位相関係は，変換前の位相関係をそのまま保存することができる．そこで，これを 2) の方法を使って測定する．

A. DBM による位相差の測定

DBM を利用する位相差の測定は，昔からよく知られた手法であり，特定の周波数領域に関しては，市販されている製品も多数ある(たとえば，Mini-Circuits 社では手ごろな値段で各種の DBM を購入することができる)．典型的な DBM は，図 4.15 のように，入力電圧分配器，出力電圧結合器と 4 個のダイオードから構成され，RF 端子と LO 端子に印加される周波数の差の出力が IF 端子に発生する．これを周波数の下方変換(down conversion)という．もちろん，上方変換(up conversion)に使用することもできる．

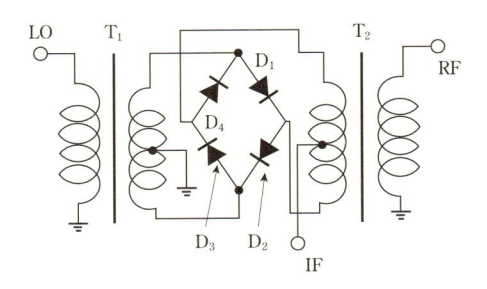

図 4.15　DBM の構造．

いま，簡単に DBM の動作を説明しよう．LO の二次巻線の電圧により，D_1，D_2 または D_3，D_4 のダイオードの組に，極性に依存して電流が流れる．B 点または C 点の直流電圧は，通電しているダイオードにより仮想接地電位に保たれる．(D_1, D_2) あるいは (D_3, D_4) のダイオードの組は，交互に通電を繰り返し，RF 変圧器の二次巻き線(B と C 点)を交互に接地電位にする．このスイッチングの速度は，入力信号の周波数に等しい．IF 端子の電圧は，

1) RF 変圧器の二次巻き線における電圧のレベルと極性
2) どちらが接地電位になっているか

ということによって決められる．IF の出力は LO と RF の周波数の差または和の信号になる．もし，RF と LO の信号が同じ周波数であれば，I_F における差出力はゼロであり，直流出力になる．その直流の値は何に依存しているだろうか？

ここで，少しだけ数学的な解析を行っておこう．理想的にバランスのとれた DBM においては，IF 端子の全電流 I_f は，

$$p = \sum_{n=0}^{\infty} \left(2g(n)v(m) e^{((n(\omega(L)t+\phi(L))+m(\omega(R)t+\phi(R)))I)} \right) \tag{4.23a}$$

とすると，

$$I_f = -\left(\sum_{m=0}^{\infty} p(m) \right) \tag{4.23b}$$

で与えられる．ここで，$\omega(L)$ は LO 端子の角周波数，$\varphi(L)$ は LO 端子における位相，$\omega(R)$ は RF 端子における角周波数，$\varphi(R)$ は RF 端子における位相を表す．

(4.23b)式の応答電流のうち，$mn = -1$ 以外の成分は不必要な相互変調成分であるので，これは除去してしまう．いま，

$$mn = -1 \tag{4.24}$$

の成分のみに注目し，$\omega(L) = \omega(R)$ とおいてみる．IF の負荷抵抗を R とすると，IF の出力電圧は，

$$V_{IF} = -2Rg(1)v(R)\cos(\phi(L) - \phi(R)) \tag{4.25a}$$

または，

$$V_{IF} = -2Rg(-1)v(R\text{-}1)\cos(\phi(L) + \phi(R)) \tag{4.25b}$$

となる．したがって，IF の出力電圧は，L 端子と R 端子における信号の位相

4.4 インピーダンスの測定

差の cos に相当する直流出力となる．

　上の解析は理想的な DBM についての計算結果であり，実際にそうなるかどうかは別問題である．ところで，市販されている国内，国外の DBM のカタログを検索してみると，実際に位相差測定用の DBM は，非常に限られた周波数帯域のものしか発売されていないことがわかる．そのため，これを比較的低周波から数十 Mhz 帯で使用するには，必要な特性をもつ DBM を，自分で製作しなければならないというめんどうな話になってしまう．はたしてこれは可能であろうか？

　そこでちょっとした試作実験を行ってみた．まず，図 4.15 に示されているように，DBM を構成するには２つの電圧分配器が必要である．これは二次巻き線が平衡出力をもつようなトランスである．低周波から広い周波数領域(少なくとも 1 kHz 〜 10 MHz の領域)で使用可能な分配器を，どのようにして手にしたらよいだろうか？　ここで我々は発想の転換を行う．パルス波形を伝送するために，よくパルストランスというものを使用する．パルス波形を伝送するには，基本繰り返し周波数から無限の周波数帯域まで忠実に応答することが望まれる．実際のパルストランスは有限の帯域幅しかもたないが，一般的にきわめて良好な周波数特性をもっている．筆者らは，JPC 社のサイリスタ駆動用のパルストランスをたまたま持ち合わせていたので，これを電圧分配器として利用することにした．このパルストランスの周波数応答を測定した結果，図 4.16 のような結果が得られ，予期した良好な周波数応答となった．

　次に，もう１つの構成要素であるショットキー(Schottky) ダイオードを選択しなければならないが，いま使用する周波数領域が低周波であるので，接合容量の極端に小さなものは必要ない．このようにして試作した DBM の全体像を，図 4.17 に示す．

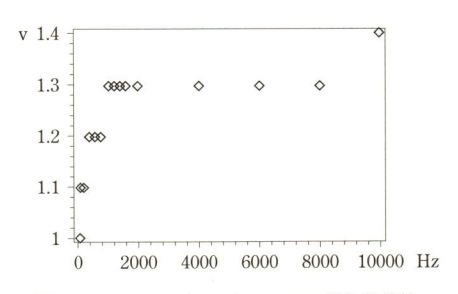

図 4.16　JPC-4 パルストランスの周波数特性．

4章 電子測定器，電子装置の試作 II

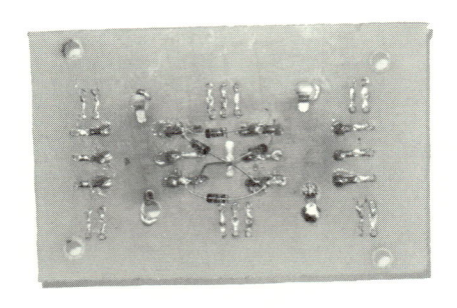

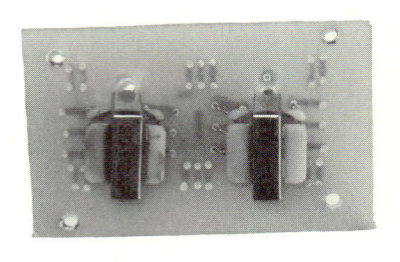

図 4.17 実験に使った DBM の構造．トランスの裏側に 4 本のショットキーダイオードが接続されている．

実験は，図 4.18 に示すような測定系によって行った．実際に測定した結果を図 4.19 に示す．図から明らかなように，実験結果は理想的な DBM の場合の応答から大きくずれたものになっている．これには 3 つの原因が考えられる．

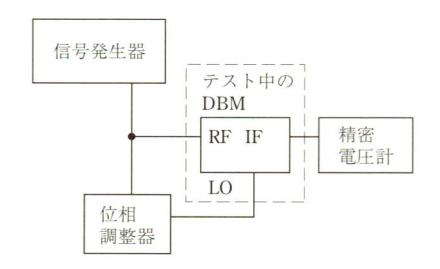

図 4.18 2 チャンネルの位相差測定．

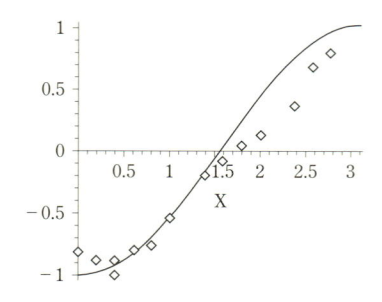

図 4.19 実験結果．実線は理論値．

1つは，ダイオードリングの交流的なバランスが悪いために発生する DC オフセット電圧であり，もう1つは，トランスの平衡状態のアンバランスによる DC オフセットの発生である．これを最小にするためには，IO 端子に適当な直流バイアスを印加するという方法がある．筆者らはこの方法による改善を試みたが，完全に除去することが不可能であった．特にこの DC オフセットは周波数依存性をもち，信号によっていろいろな値に変化するという，やっかいな問題があることが明らかになった．これは，実験するまでは全く予想しなかった問題であった．

　もう1つ，ミクサ誘導移相(mixer-induced phase shift)とよばれる，DBM 全体としての応答特性自身から発生する位相のシフトが存在し，これを除去するのは非常に困難であることがわかった．これは，各端子間の電圧の漏れを極端に小さくしなければ除去できないが，それには DBM 自体の構成の設計を全面的に改める必要があり，専門家の技術を必要とする．

　DBM を位相測定に使用する利点は，位相差に関する大きな出力が容易に得られることであるが，欠点は，出力は DBM の各端子の入力の大きさに依存するため，自動的な位相の測定を行うためには，常に入力レベルを一定に保持しなければならないことである．

　このためには制限増幅器を挿入する必要があるが，これにより回路構成は複雑なものになってしまう．市販で広帯域の位相測定用の DBM が発売されていないのは，このためである．筆者はこの段階で，DBM を利用する位相測定の試作をあきらめてしまった．しかしこれは，この方法が必ずしもまずい方法という意味ではない．大きな出力が簡単に得られるというのは，他に比べて格段に有利な点であろうと思われる．

B．PCM 法による位相測定
a．PCM 法の原理

　この方法は，原理的にはきわめて単純な方法である．いま，入力信号を V_{in}，線形交流回路の応答信号を V_{rp} とし，これを理想的なパルス変換回路で矩形波に変換したとすれば，結果は図 4.20 のようになり，時間 δ_t が両者の位相差ということになる．

　δ_t は，正確に正弦波(sine wave)間の位相差に対応している．これは，理想的な波形変換ができているということを前提としているためである．2つの矩形波の立ち上り時間が異なるときには，δ_t は正確な位相差を反映しないことは，容易に理解できるだろう．両者の矩形波の立ち上り時間が，位相差 δ_t に比較

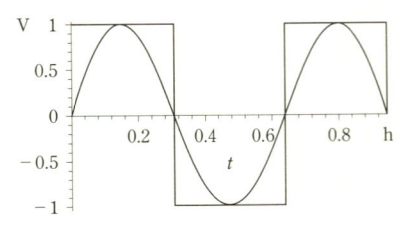

図 4.20 正弦波の矩形波への変換.

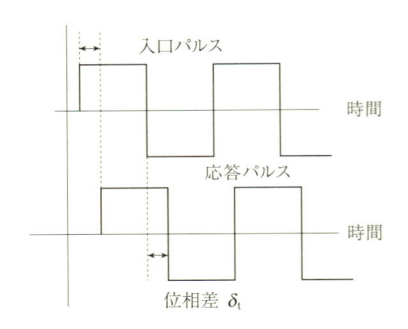

図 4.21 矩形波変換後の位相差.

して十分に小さければ，比較的正確な位相差を測定できることになる．

それでは，どの程度の立ち上り時間を想定すればよいだろうか？ いま，入力信号を 100 MHz としよう．この場合，半周期の時間は 5 ns である．したがって，1 ns 以下の立ち上りをもつパルス変換ができれば，位相差の測定は非常に正確なものとなる．しかしながら実際には，この条件はきわめて厳しいものである．また，特に注意を要する問題に，伝搬遅延時間（propagation delay time）という現象がある．それは，増幅器に信号を印加した場合，瞬時に出力が現れるわけではなく，内部の複雑な回路を信号が通過するために，当然ながら信号の遅れが発生する．測定回路における浮遊容量などによっても，信号の遅れや位相差が発生する．したがってこの手法は，非常に高い周波数領域には適用できないだろう．低周波では，比較的高精度の位相差測定が可能である．

b. PCM 法の実際

まずこの手法では，周期的な入力信号を矩形波に高速に変換しなければならない．正弦波を矩形波に変換する簡単な方法は，ゲインの大きな制限増幅器を用いればよい．最も適切で，かつ確実な方法は，電流帰還（current feedback）タイプの高速演算増幅器（CFOP）を利用することである．CFOP は，従来の演

算増幅器と全く異なる原理に基づいたもので，Comlinear 社 が開発した高性能，超高速演算増幅器である．現在，Comlinear 社は閉鎖されてしまったが，National Semiconductor 社が同等品を生産している．また，他の大手半導体メーカーでも CFOP を製造している．

c. 回路設計の手順

まず，伝搬遅延のきわめて小さなコンパレータを2台用意する．ここでは，AD96685 という伝搬遅延が 2.5 ns の IC を使用することにする．1つは基準信号用で，他は信号入力用であり，ヒステリシスをもったゼロクロス検出器を構成する．ゼロクロス検出器の出力を微分して，これらを高速のフリップフロップ回路に導く(図 4.22)．

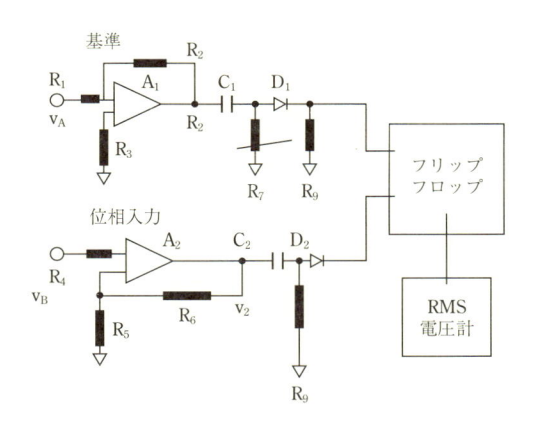

図 4.22 位相メータの回路．

この場合の基準信号，入力信号の位相関係と，フリップフロップ回路の関係を模式的に描くと，図 4.23 のようになる．入力信号の振幅が基準信号の振幅に比べて小さすぎると，スリューレイトの違いから位相測定に誤差を発生する．したがって，信号入力段には可変ゲインの増幅器をおいて，スリューレイトによる誤差を防ぐようにする．

このように回路設計を行ったのちに，実際に回路を作成してその特性を調べた．非常に良好な実験結果が得られ，基準と位相入力の振幅に大きな差異があっても，正確な位相差が検出される．図 4.24 は，試作器による水晶発振子の位相特性を測定した例である．初等的な電子回路の教科書には，共振回路の特性の簡単な解析が記述されており，そこでは，共振点を境に位相が 180 度変化することが述べられている．しかし，水晶発振子のような非常に高い Q をもつ

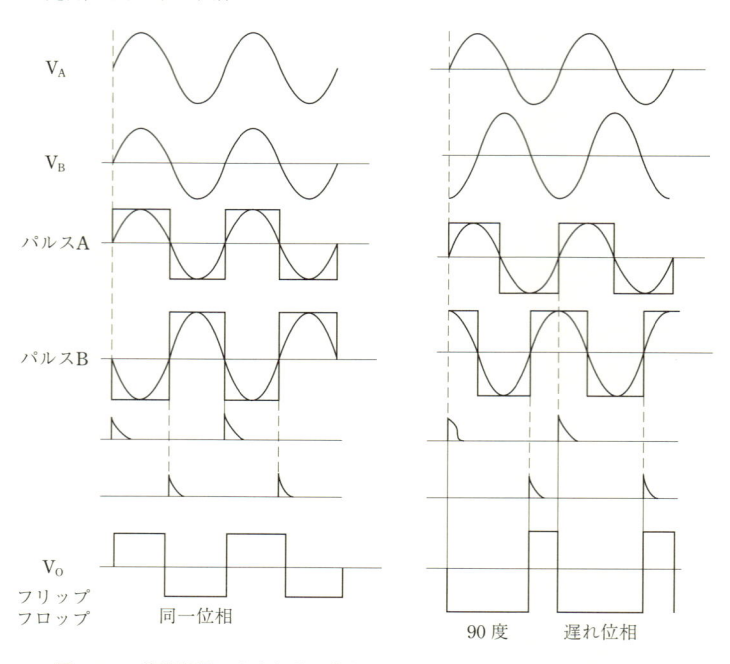

図 4.23 基準信号，入力信号の位相関係とフリップフロップ回路の出力．

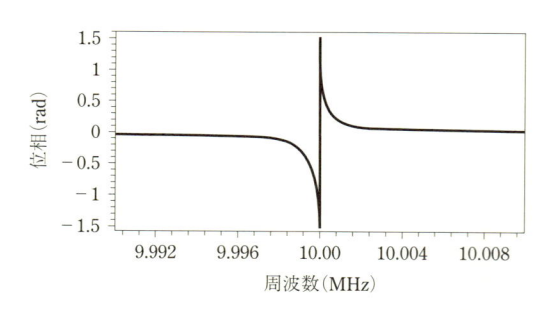

図 4.24 水晶発振子の周波数による位相変化の測定例．

素子における位相変化の実測を示した例は，ほとんどない．

筆者らは，HP3262C シンセイザーを信号源としてこの測定を行った．電子回路の教科書に書かれているとおり，共振点において位相は 180 度反転することが，高精度で測定されていることがわかる．筆者らの試作器は，50 Hz 〜 10 MHz の周波数領域で，平均の位相検出の精度は，∓1.5 度が得られた．も

4.4 インピーダンスの測定

う少し工夫すれば，精度を∓0.5度程度まで上昇させられる可能性がある．工夫する点としては，両チャンネルの回路的な伝搬遅延をいかに小さくするかという点であり，これは主として，回路パターンの設計，演算増幅器の選択に依存している．

低周波領域における位相の超高精度の測定を可能にする測定器として，NF回路設計ブロック社の周波数分析装置というものがあることを最近知った．これは，40 Hz ～ 20 kHz の周波数領域で，精度0.2 %の測定を可能にするということであるが，値段は250万円以上で，きわめて高価である．

C. 掛け算器による位相の検出

これはすでに3.4.3項で述べたものであるが，非常に応用範囲の広い回路であるので，ここで再び取り上げることにする．非常に精度の高い高周波の発振回路には，この掛け算器(PSD)を使ったPLL回路というものが利用されるが，これについては，第6章で触れることにする．

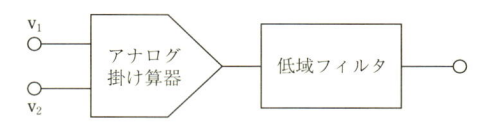

図 4.25 位相角 – 電圧変換器.

アナログ掛け算器と低域フィルタからなる回路(図4.25)を，もう一度考える．いま，掛け算器に2つの信号

$$v_1 = V_1 \sin(\omega_1 t + \phi_1)$$
$$v_2 = V_2 \sin(\omega_2 t + \phi_2) \tag{4.26}$$

が入力されるとする．この出力 v_0 は，

$$v_0 = \frac{1}{2}V_1V_2\left(\cos(\omega_1 t + \omega_2 t + \phi_1 + \phi_2) - \cos(\omega_1 t - \omega_2 t + \phi_1 - \phi_2)\right) \tag{4.27}$$

となる．ここで，$\omega_1 = \omega_2 = \omega$ とすると，

$$v_0 = \frac{1}{2}V_1V_2\left(\cos(2\omega_t + \phi_1 + \phi_2) - \cos(\phi_1 - \phi_2)\right) \tag{4.28}$$

4章　電子測定器，電子装置の試作 II

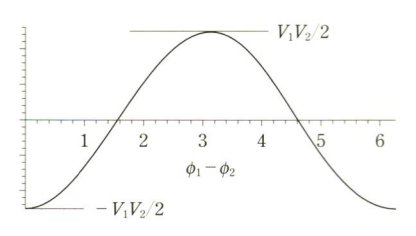

図 4.26　V_{av} と位相差の関係．

となる．低域フィルタの時定数を適当にとって最初の項を除去すると，その後の出力 V_{av} は，

$$V_{av} = -\frac{1}{2}V_1 V_2 \cos(\phi_1 - \phi_2)$$

(4.29)

となる．出力は，位相差の cos に比例した直流出力となる．別の言い方をすれば，V_{av} は，v_1 の位相にあった v_2 の成分に比例する（図 4.26）．

$\phi_1 - \phi_2 = 180$ 度であれば，$V_{av} = V_1 V_2/2$
$\phi_1 - \phi_2 = 0$ 度　　　　　　$V_{av} = -1 V_1 V_2/2$

これを基本とするいろいろな形が考えられるだろう．次の図 4.27 は，可変位相調整器（variable phase shifter）を利用する回路である．

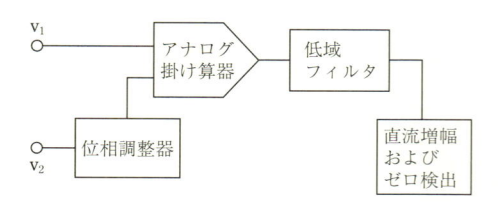

図 4.27　V_2 入力に可変位相調整器を挿入し，出力のバランスをとる回路．

移相（phase shift）回路と量の例を図 4.28，4.29 に示す．現在では，500 MHz 以上の動作帯域をもつアナログ掛け算器が発売されているので，これを利用すれば，非常に広い帯域の位相計測を簡単に行うことができるだろう．

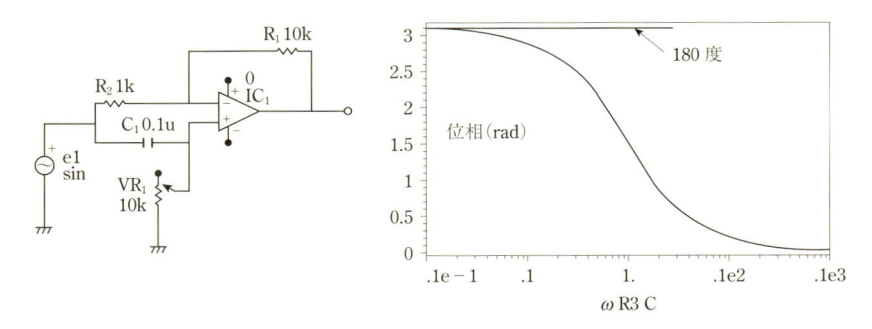

図 4.28　移相回路(A)と量.

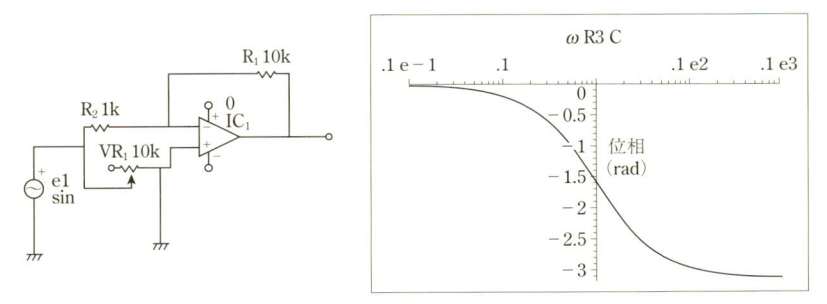

図 4.29　移相回路(B)と量.

D. サンプリング法による高周波の位相測定

　サンプリングによる高周波の下方変換機能を利用すれば,実験室においても,数 GHz の周波数まで,2つの信号の位相差を測定することが可能になる.したがってこの手法は,GHz 領域の位相差測定に使用できるだろう.

　サンプリングの手法は,1966 年には確立された手法である.現在では,24 GHz 帯のミリ波領域でこの手法が利用され,さらに最近では,米国 Picosecond Pulse Labs 社から 100 GHz 超高速サンプラーが市販されている.したがって,これから述べる内容には　原理的に特別に新しいことは何もないが,半導体の集積化が急速な進展を遂げた結果,汎用の演算増幅器をフィルタの設計に使用するのと同じ程度の気軽さで,サンプルホールド IC を利用することができるようになってきたことがある.これまでのサンプラーはきわめて高価で(数百万円),一般的な実験室でこれを使用することは困難であった.最近では,10 万円程度で 1 GHz サンプル /s の高速サンプラーのキットが市販され,だれでも気軽に使用できるような状態になってきている.したがって,

20 MHz 程度の帯域をもつ安価なオシロスコープがあれば,高速な繰り返し波形を容易に観測でき,また PC に直接取り込んで,多様な測定を PC 上で実行できるようになってきている.我々は,このような急速な電子回路の進歩に,常に目を光らせている必要がある.このような状況を踏まえて,高周波の位相測定の実験を行った結果について述べる.

a. サンプリング法の原理

サンプリング法は,アナログ信号をデジタル化する方法である.図 4.30 に示すように,アナログ信号を分割して離散的なデジタル信号にシーケンスを作る.ここで,δ_{ts} はサンプリング間隔,$f_s = 1/\delta_{ts}$ はサンプリング周波数とする.このデジタル化したデータからアナログ信号を再生する場合,どの程度まで粗くサンプリングしてもよいかという問題がある.これには,統計学上で有名な標本化定理というものによって,答えが与えられる.

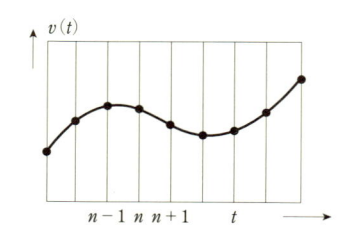

図 4.30 離散的なサンプリング.

b. サンプリング定理(標本化定理)

$F_S(t)$ に含まれる最高の周波数を f_M とするとき,

$$f_S > 2f_M \tag{4.30}$$

を満足する f_S でサンプリングすれば,もとのアナログ信号を完全に再現できる.この定理は統計理論により厳密に証明されているが,本書は数学書ではないので,これは省略することにする(興味のある読者は,統計理論の教科書を参照されたい).

サンプリング回路は,アナログ信号を有限な時間幅でサンプリングするものである.サンプリングは,模式的には図 4.31 のようにして実行される.サンプリングの時間間隔をどうとるかが,サンプリング法の死命を制する重要な問題点である.サンプリング間隔を十分に狭くとれば,アナログ信号をより正確に再現できるだろう.

4.4 インピーダンスの測定

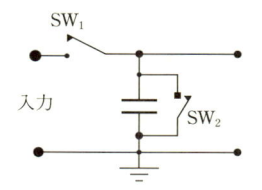

図 4.31 サンプリングの実行回路の模式図．適当な時間間隔で SW_1 を閉じて，サンプリングコンデンサを充電してその振幅を次の回路に送り，SW_2 を閉じてコンデンサを放電し，次のサンプリングに備える．

一方，サンプル数が少ないと，信号の基本的な情報が失われてしまう事態になってしまう．(4.30)式のサンプリング定理は，ナイキスト(Nyquist)の定理ともよばれ，この条件を数学的に表したものである．もしも，

$$f_S < 2f_M \tag{4.31}$$

となると，折返し(aliasing)という現象を引き起こす．時間ドメインでこの折返し効果をみてみると，模式的に図 4.32, 4.33 のようになる．

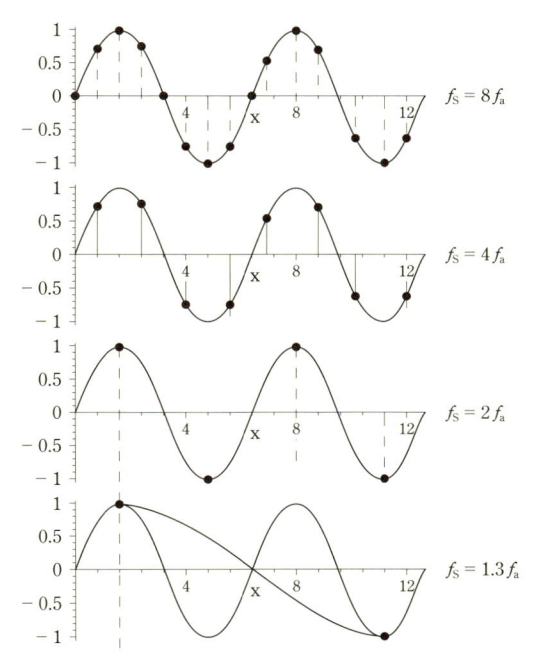

図 4.32 時間ドメインにおける折返し効果．

4章　電子測定器，電子装置の試作 II

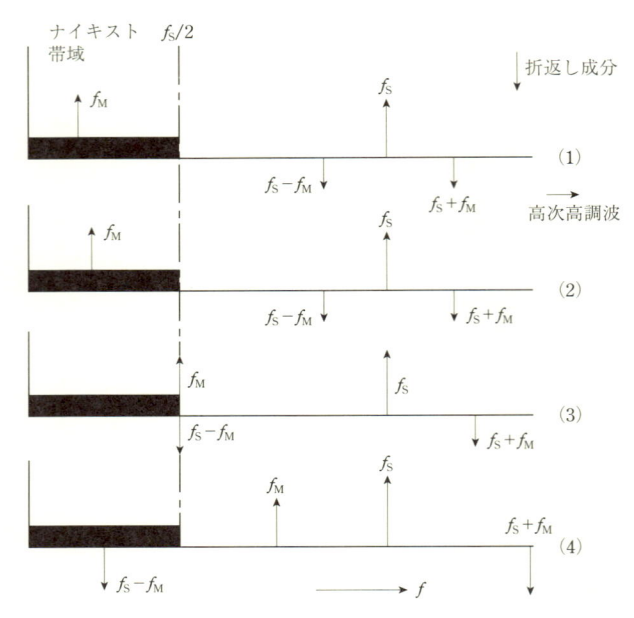

図 4.33　周波数ドメインにおける折返し成分の模式図．

これでわかることは，アナログ信号 f_M を f_S でサンプリングすると，$f_M + f_S$，$f_S - f_M$ の 2 つの折返し信号が発生するということである．高いほうの周波数は，多くの場合ナイキスト帯の外に存在すると考えられ，あまり問題を起こさないだろう．$f_S - f_M$ の周波数は，信号の周波数が $f_S/2$ を超えると問題になる．その場合には，この折返し信号を除去するためのフィルタを付加する必要が出てくる．

サンプリング周波数を，信号周波数に比べて十分に大きくとれば，この折返し信号の問題を避けることができるが，そのためには，十分高速なサンプリングを可能にする回路が必要になることはもちろんである．高速なサンプリング回路は，特殊なサンプリング用のショットキーダイオードが使用される．その回路設計は，次の文献に詳しく述べられているので，興味のある読者は参照されたい．

　　W. M. Grove, *Sampling for Oscilloscopes and Other RF Systems : Dc Through X-band*, IEEE Transactions on Microwave Theory and Techniques, MTT-14, No.12, 629 (1966)

4.4 インピーダンスの測定

c. サンプリングゲート

サンプリングゲートのいちばん簡単なものは，1個のダイオードを使用するもので，図4.34に示すような簡単な回路構成になっている．短いパルスにより，通常バイアスされているダイオードが瞬間的にオン状態になり，コンデンサC_sを充電する．C_sの端子電圧は，この場合の入力電圧に比例する．パルス幅は入力の波形に比べて十分に狭く，波形の一部分のみをサンプリングする．これは単純な構造であるが，入力回路とサンプリングパルス回路およびバイアス回路の間の分離が悪く，問題を起こす．

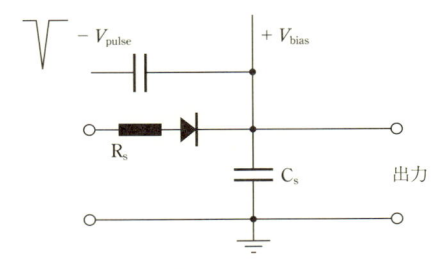

図4.34 シングルダイオードサンプリングゲート．

そこで，2個のダイオードと抵抗を使ったブリッジ型のサンプラーが登場する．しかし，抵抗による損失があるので，効率がよくないことが指摘された．現在は，4個のダイオードを使った図4.35に示すブリッジ型のサンプリングゲートが，最もよく使われている．

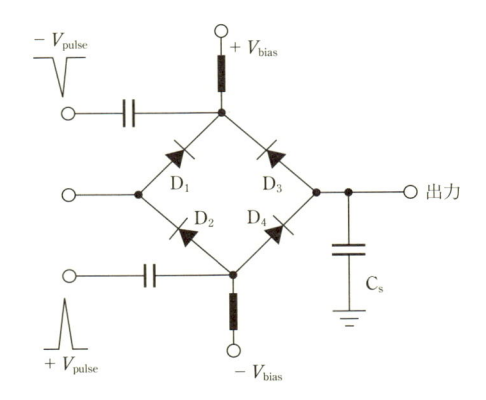

図4.35 4個のダイオードを利用したサンプリングゲート．

4章 電子測定器，電子装置の試作 II

　サンプリングダイオードは逆バイアスされており，短いパルスが印加されたときのみ導通状態になる．このバイアスは，サンプリングゲートの動作にとってきわめて重要な要因となる．通常は，十分な逆バイアスとなっていてオフ状態にあり，パルス印加状態では，オン状態で十分に小さな順抵抗がすみやかに達成されなければならない．4つのダイオードは，DC, AC 特性がすべてバランスのとれたものでなければならないが，特に AC バランスについてはそれを厳密に決定するのは困難であり，ある程度のカットアンドトライが必要になってくる．Hewlett-Packard 社では，バランスのとれたショットキーバリヤダイオードカッド (Schottky barrier diode quad) を発売しているので，これを利用すると，バランスの問題を心配する必要はなくなる．具体的なサンプラー (1 GHz) を図 4.36 に示す．ダイオード素子のリード線は可能なかぎり短くし，各素子間の接続も，浮遊容量などが入り込まないように，細心の注意が払われていることがわかるだろう．

図 4.36　1 GHz サンプラーの実装図．

　サンプリングゲートに印加するパルスの駆動回路には，さまざまな回路が提案されているが，典型的な例を図 4.37 にあげておく．
　さて，ここでたいへんやっかいな問題に直面することになる．高速なサンプリングを実現するためには，数 100 ps (ピコ秒) のパルスを発生する必要があるが，これをどのようにして計測するかという問題である．これまで述べたところでは，このような超短パルスを測定する道具だてがないので，ほんとうにそのようなパルスが発生しているのかどうか確かめる手段がない．このようなときには，しかたがないので，超高速なデジタルオシロスコープを短期間 (1 週間以内) レンタルして，「徹夜で測定」を実行する．レンタルする前にすべての準備を慎重に行い，測定器が到着すると同時に目的の測定を開始できるようにしておく．だいたいの目安として，レンタル料は 1 週間でも 30 万円くらいになるので，可能なかぎりむだがないように，できれば複数の計測を実行するよ

4.4 インピーダンスの測定

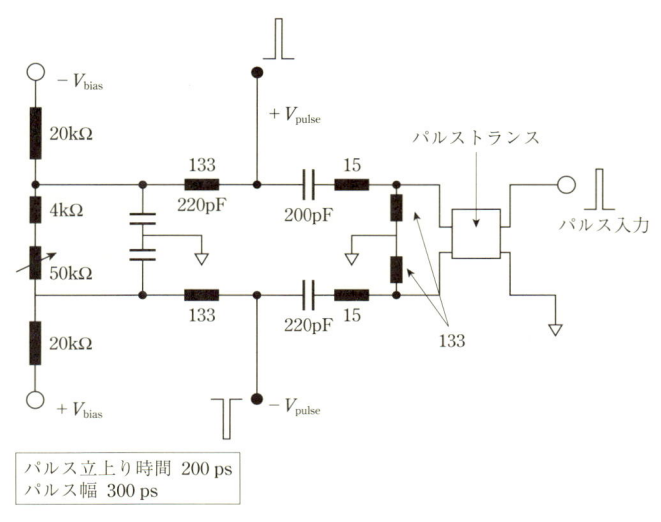

図4.37 サンプリングゲート用パルス駆動回路の例.

うに心がける.

　サブナノ秒パルスの発生の回路の例としては，図4.38に示すようなものがある．より短い駆動パルスを発生させるためには，トンネルダイオードの伝送線路による反射を利用したり，ステップリカバリダイオードを使った非線形伝送線路を利用したりするが，これらは高度なテクニックを必要とするので，ここでは省略する．

　デスクリートな受動回路素子で，サンプリングヘッドを作成するには，高度な技術と経験を必要とする．まず，バランスのとれた超高速度スイッチングダイオードリングを使用しなければならないし，これらの接地面の回路設計には，

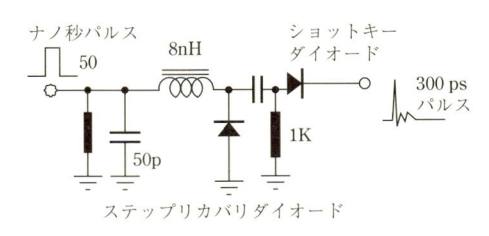

図4.38 ピコ秒パルス発生回路.

4章 電子測定器，電子装置の試作 II

特別な注意が必要になる．最近では，このような特別な技術を必要としないサンプルホールド IC が発売されているので，これを次に紹介しよう．

d. MAX108 を使用するサンプルホールド回路の実験

Maxim 社の MAX108 は，これらの困難な技術的な問題を一挙に解消する素子であり，基本的な素子類がすべて集積化されて内蔵されている．この IC は，Maxim 社独自の GST-2 Bipolar Process によって作られたもので，1.5 Gsps, 8 ビットの ADC をもち，アナログ入力のバンド幅は 2.2 GHz という性能をもつ，超高性能 IC である．値段は，汎用のサンプルホールド回路素子に比べると比較にならないほど高価であるが，高性能のデジタルオシロスコープの 1/20 以下の値段である．MAX 108 は，CPU 並みの 192 ピン端子をもつ IC であるので，これを実際に使用するには，ちょっとした工夫が必要になるのはもちろんである．詳細は MAX 108 の取り扱い説明書に記述されているので，注意深くこれを読みこなすことが重要で，特に IC の発熱が大きいので，これをどのようにして防止するかは，たいせつな点である．筆者らは，最初この点に十分な配慮がなく，そのために IC を破損してしまったが，これは全く初歩的な不注意によるミスであった．実際の MAX 108 を使用した回路の写真を，図 4.39 に示す．

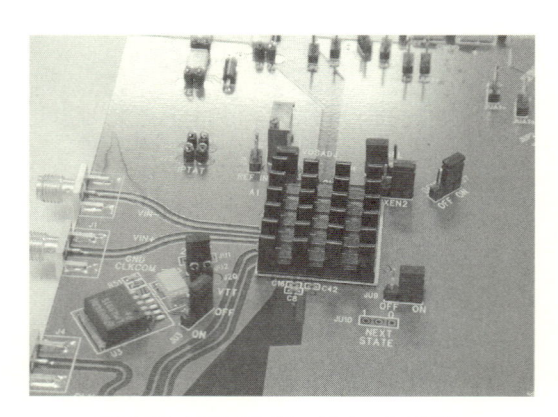

図 **4.39** MAX 108 サンプルホールド回路．

2 チャンネルの MAX 108 を使用し，下方変換した 2 つの信号を，前項 B ですでに記述した PCM 法による位相測定器に接続して，位相の測定を行った．この手法による測定では，10 kHz から 1.2 GHz の周波数領域で，平均で ∓ 2 度程度の精度が得られた．高周波でこれ以上の精度を得ることは，我々の現在

の技術では困難である．サンプリングヘッドがIC化されているということは非常に便利であるが，その代わり，内部を調整するといったことは不可能である．この点は，ディスクリートな素子による場合より不利な点である．より高い周波数のマイクロ波領域まで，この手法による位相測定を拡張することは不可能ではないが，技術的には困難な問題がある．筆者は，これらの周波数領域では，方向性結合器による反射率計（reflecto meter）によるインピーダンスの測定から位相を計算により算出する方法が，より現実的であると考えている．

4.4.3　高周波用の IC

現在では，一昔前と違って，各メーカーが競って高性能の高周波用ICを発売しており，値段も昔と比較すれば，格段に安くなっている．これらのIC開発の速度は非常に速く，3ヵ月もするとすぐに新しいものが登場してくるので，開発のニュースには目を離せない．この章ではすでに多数の高周波ICが登場しているが，本書の刊行後しばらくで，もう陳腐になっているかも知れない．開発の視点は，

1) 可能な帯域幅をできるだけ広く，
2) 外付け部品をできるだけ少なく，
3) 帯域幅内でゲインをできるだけ大きく，かつ安定な動作

をめざしている．

高周波の回路設計の困難な問題を一挙に解消するソフトウェアが，AppCADとよばれるソフトである（図4.40）．これは，Wireless Semiconductor Division of Agilent Technologies から無料で提供されるRFおよびマイクロ波用の各種の設計用ソフトで，現在のバージョンは3.02である．プリント用のインターフェースはまだできあがっていないが，プリントスクリーンを利用して貼り付けを実行するという方法で，結果を記録しておくことになる．新しいソフトが追加されると，順次バージョンアップされるそうである．

たとえば，電圧バイアス型のICを動作させるときの基本的な回路パラメータ，周波数特性などは，図4.41のようにパラメータを挿入するだけで，簡単に答が得られる．

高速なICを使用して，0.001 MHzから100 MHzの周波数領域の信号を増幅しようとする場合，結合用の容量，バイアス回路のフィルタの設定は，図4.42のようになる．たとえば，高速なICの例として，LMH 6624を取り上げよう．このICは，

　　　　　ゲイン帯幅　　　　1.5 GHz

4章　電子測定器，電子装置の試作 II

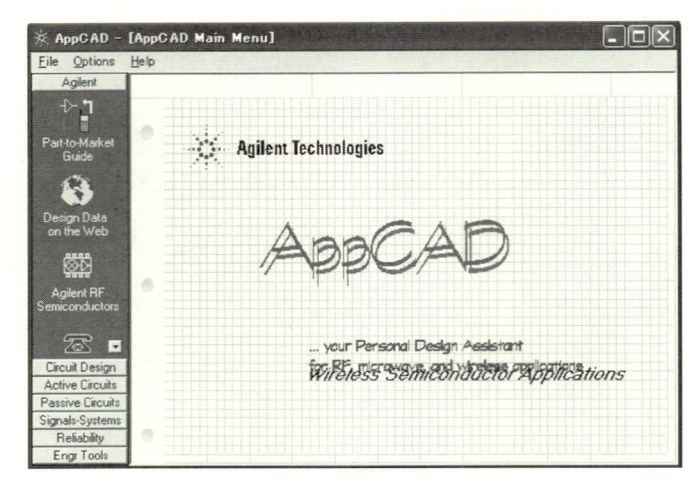

図 4.40　Agilent 社の AppCAD.

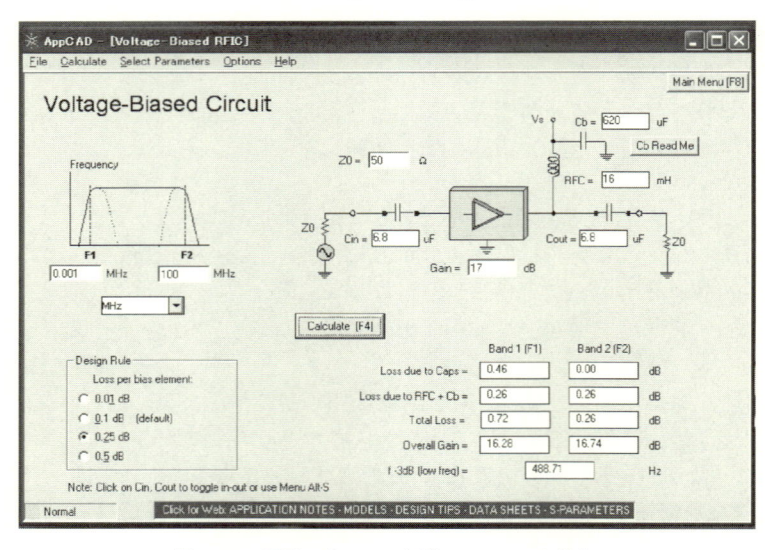

図 4.41　電圧バイアス IC 回路のパラメータ計算.

　　　入力電圧雑音　　　$0.92\,\mathrm{nV}/\sqrt{\mathrm{Hz}}$
　　　スリューレイト　　$350\,\mathrm{v}/\mu\mathrm{s}$

という電圧フィードバック型低雑音，高帯域演算器である．単電源動作が可能で，図 4.43 のような配置で使用する．

4.4 インピーダンスの測定

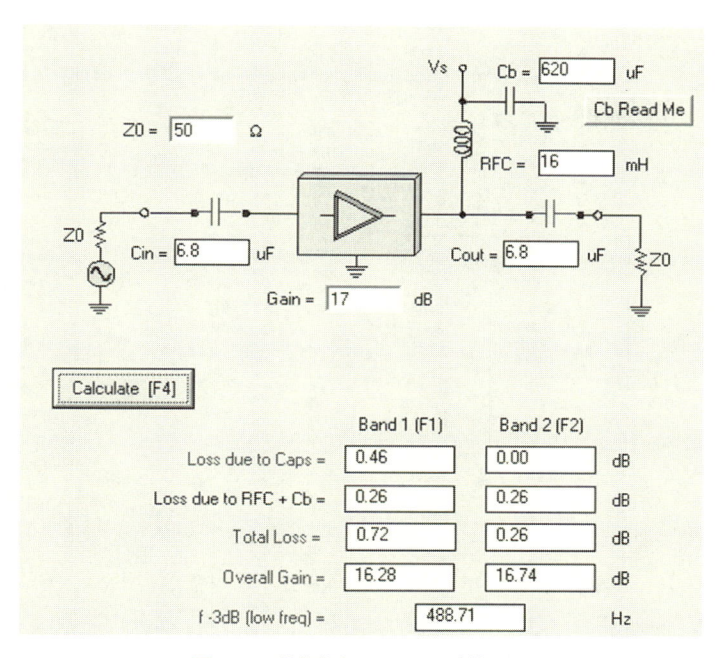

図 4.42 具体的なパラメータ計算の例.

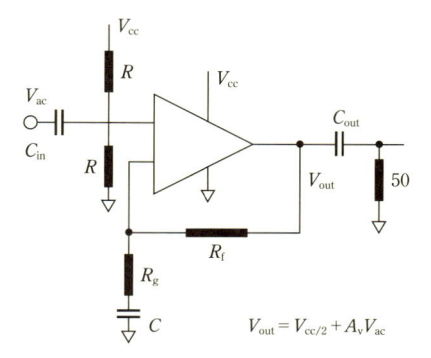

$$V_{out} = V_{cc/2} + A_v V_{ac}$$

図 4.43 LMH6624 の単電源配置. C_{in}, C_{out} = 6.8μF, V_{cc} には図のフィルタを付加する. さらに, 入力の前段には, 高域フィルタを付加し, 低周波雑音をカットすると, きわめて安定な低雑音増幅器が実現する.

ゲインを可変にできる増幅器は，自動ゲイン制御や高速パルス変調などのさまざまな応用回路に適用できるものである．LMH6503 は，ゲイン可変増幅器の中でも際立って高性能な IC であり，多少高価ではあるが，使い勝手が抜群な IC である（図 4.44）．

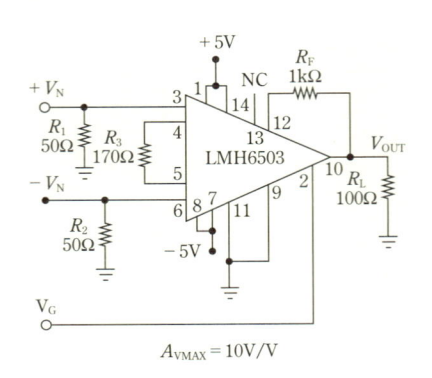

図 4.44　LMH 6503 の結線図．

高周波の IC を使用するときには，その搭載する PC ボードの設計が非常に重要で，これによってその性能が決定されるといっても過言ではない．バイアスを印加しないと，デバイスはもちろん動作しないが，このために導線を引き回したりするようでは，とても高周波での正常な動作は望めない．各メーカーのカタログには，PC ボードにおける部品の配置などに関する詳しい情報が掲載されていて，不要な浮遊容量が導入されないような配慮が，十分にされている．いくつか例をあげておこう（これは自分で試作する場合によい参考資料となる）．

例 1　Comlinear 社 CL220AI Current-feedback wide-band IC（図 4.45）

例 2　Analog Devices 社の超高速低雑音増幅器（LNA）用の評価ボードの例（図 4.46）．UHF 帯以上の帯域で使用する LNA では，抵抗やインダクタンス，容量はチップタイプのものを使用する点に注意する．これらは，誤動作のない自作製品のために非常に参考になるであろう．78 ページの図 4.47 は，超高速コンパレータと高速 LNA 用に試作した PC ボードの例である．

4.4 インピーダンスの測定

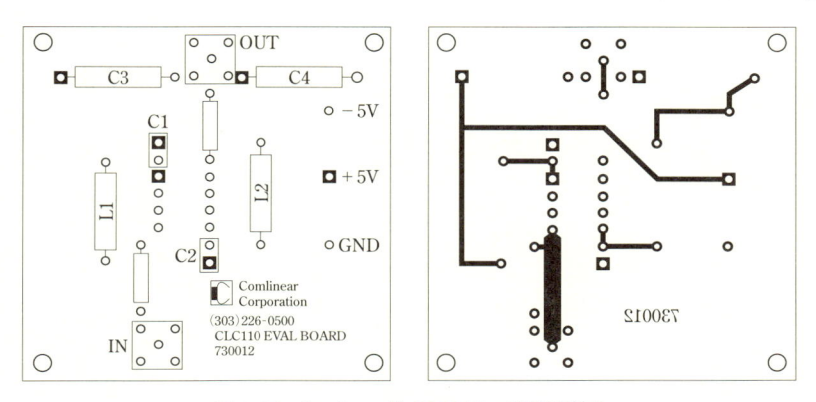

図 4.45 Comlinear 社 CL220AI の実体配線図.

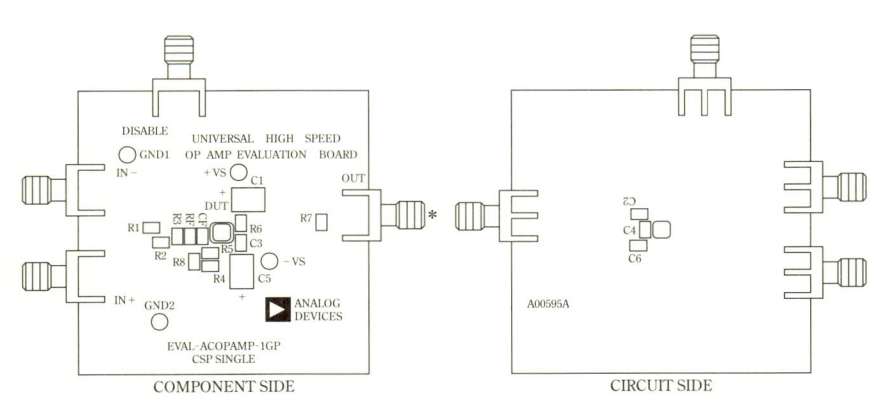

図 4.46 Analog Devices 社の LNA 評価ボード.

4 章　電子測定器，電子装置の試作 II

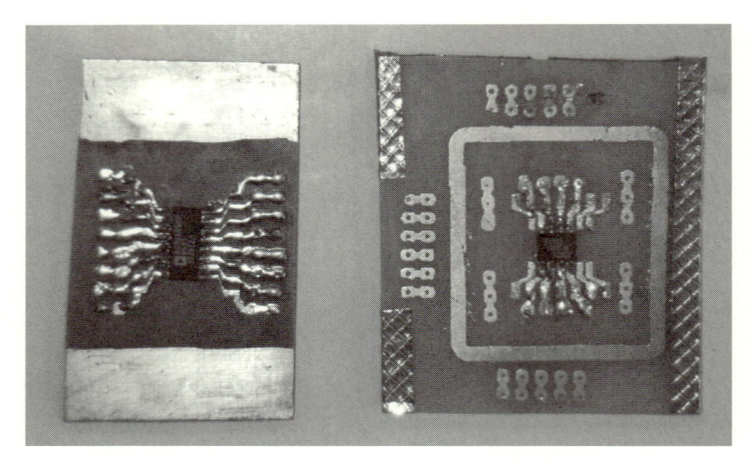

図 **4.47**　AD 96685 Ultrafast Comparator および AD 829 Video LNA の実装図.

5章 物理量(変位,ひずみ,加速度)のための電子回路

物理量の測定回路,たとえば,変位,ひずみの測定回路といったものは,物理の領域では頻繁に必要とされる回路であるが,普通の電子回路の教科書にはあまり詳しい記述がないので,直ちに戦力にはならない場合が多い.そこで,ここでは,これらの項目について実際的な活用について述べてみよう.

5.1 変位の測定

5.1.1 変位を電気容量の変化として測定

いま簡単のために,一次元方向の変位を考え,これを光学的に平行研磨したコンデンサをモデルとして,この変位を測定しよう.

いま,かりに変位する物体の端面の面積を $1\,\text{cm}^2$ とし,空気のギャップを $1\,\text{mm}$ としよう.平行状態での電気容量 C_0 は,

$$C_0 = 0.8854 \times 10^{-12}\,\text{F} \tag{5.1}$$

である.つまり,$0.88\,\text{pF}$ ということになる.ここで,物体の端面が $1\,\mu\text{m}$ 変化

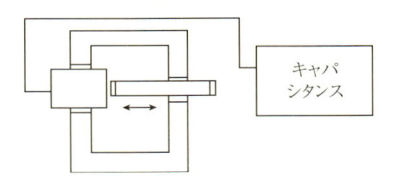

図 **5.1** 物体の微小変位と容量計.

5章 物理量(変位, ひずみ, 加速度)のための電子回路

したとすると, 容量の変化 ΔC は,

$$\Delta C = 0.8845000000 \quad 10^{-15} \text{F} \tag{5.2}$$

ということになる. 圧電性材料の微小変位の測定を問題に知る場合には, この程度の量を測定する必要に迫られるであろう. しかし, こんな微小容量の変化を測定することは, はたして可能だろうか?

電子計測メーカーの製品に中には, 非常に分解能の高いものがある. たとえば HP4288A では, 分解能が 1 femtoF (10^{-15} F) であるので, もう少し工夫すれば, 上のような変位を測定できるであろう. しかしながら, 高精度の LRC メータは 100 万円以上するので, 簡単には購入できないそうにない. 1 femtoF の分解能は困難であるが, 0.01 pF 程度の分解能ならばなんとか実現できそうである. 研究室で, 自作可能な高精度容量計としては, 次のようなものがある.

1) LC 発信器の発振要素として C を取り上げ, その周波数から容量を推定する方法(LC 発信器方式とよぶことにする)が, 最も単純で, 思ったよりは高精度の測定が可能である. LC 発信器の発振周波数 f は, およそ

$$f = \frac{\sqrt{\frac{1}{LC}}}{2\pi} \tag{5.3}$$

で決まる. L を固定しておくと, C を変化させれば当然 f は変化する. たとえば,

$$L = 1 \times 10^{-6} \text{H}, \ C = 1 \times 10^{-9} \text{F} \tag{5.4}$$

とすると,

$$f = 0.5032921210 \times 10^{7} \text{ Hz} \tag{5.5}$$

であり, いま C を 1 pF 増加すると,

$$f = 0.5030406633 \times 10^{7} \text{ Hz} \tag{5.6}$$

で,

$$\Delta f = 2514.577 \text{ Hz} \tag{5.7}$$

となる.

5 MHz の発振周波数で, 2500 Hz 程度の変化が現われる. 1 pF で, 0.05%の周波数の変化となる. この変化を精密に測定するということは, 口で言うほど簡単なことではない. 入力回路の近傍に手を接近させただけで, 値は大幅に変

化してしまう．発振回路のタンク回路に，直接未知の容量を接続することになるので，この接続において導入される浮遊容量は，多くの場合に，測定しようとしている変化量よりは大きな値になるだろう．これでは，何を測定しているのかわからなくなってしまう．そこで，測定端子を短絡した場合に発生する浮遊容量を常時監視して，これを実際の測定値から引き算するということを，実行させなければならない．

　このためには，マイクロコンピュータを利用することがいちばんである．筆者は，アナログ派であり，デジタル回路はきわめて苦手な人間ではあるが，これくらいの仕事のためのデジタル回路ならば，それほどおおげさな勉強をしなくてもよい．そのためには，プログラマブル集積回路（PIC）などの簡単なマイクロコンピュータを利用すればよい．近年，いろいろな PIC を利用するための教科書が多数出版されているので，これをちょっと勉強して利用するのも1つの方法である．PIC16C622 を利用したこのタイプの L/C メータは，前出の Almost All Digital Electronics 社（http://www.aade.com）から発売されており，筆者も試験的に1台購入してみたが，予想をはるかに上回る性能をもっていることに少々驚いている．

　2) 電気容量の充電過渡現象を利用する方法：コンデンサの充電の過渡特性を利用すれば，高精度の容量の測定が可能である．RC の直列回路を直流電源に接続し，最初にコンデンサをショートしておく．次に瞬時にこのショートを解除すれば，コンデンサは時間とともに充電される．このときのコンデンサの端子電圧を V_c, 直流電源の電圧を V とすると，

$$V_c = V(1 - \exp(t/RC)) \tag{5.8}$$

となる．

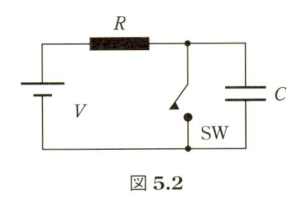

図 5.2

いま $R = 100\,\mathrm{K}$ とし，種々の電気容量について (5.8) 式をグラフに描くと，図 5.3 のようになる．

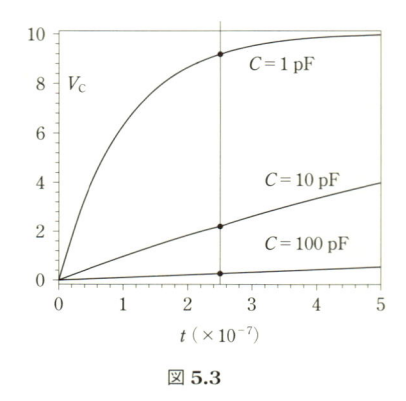

5章 物理量(変位，ひずみ，加速度)のための電子回路

図 5.3

時間を 2×10^{-7} s に固定すると，コンデンサの電圧の大きさは，

$$C = 1 \text{ pF} \quad 8.646647168 \text{ V}$$
$$C = 10 \text{ pF} \quad 1.812692469 \text{ V}$$
$$C = 100 \text{ pF} \quad 0.198013267 \text{ V} \tag{5.9}$$

となり，微小な容量の変化でも大きな電圧変化を得ることができる．高精度のコンパレータを利用し，マイクロコンピュータを使って積分平均を表示するようにすれば，非常に高精度の容量計が得られることになる．実際，これを利用した電気容量計も商品化されている．

上に述べた内容は，コロンブスの卵みたいな話である．言われてみれば簡単な話であるが，はじめてこのような問題に直面すると，すぐに高価な容量計を購入しなければとか，レーザー変位計を導入しなければとかいったところに，話が飛んでしまう．このようなときには一息入れて，自分に今何が必要なのかを，もう一度冷静に考え直してみることが肝心である．

5.1.2 レーザー光の反射を利用する変位の測定

これは，光ファイバセンサを利用した変位測定器である．非接触で，かつ局所的な変位の測定が可能であるが，素人が自作できるというものではない．外観を図 5.4. に示す．

センサの半径が 0.81 mm のものでは，変位の分解能が 0.007 μm のものが発売されている．価格は 15 万円くらいであるので，変位測定に特別興味のある研究者は，研究室に 1 台備えておくのがよいだろう．取り扱っている会社は，Philtec 社 (Annapolis, MD, USA, www.philtec.com.) である．

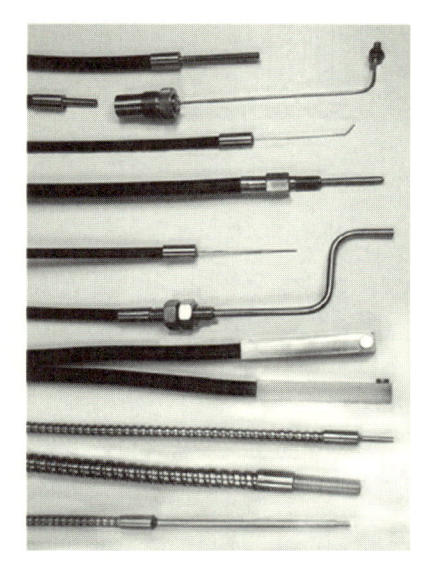

図 5.4　光ファイバセンサの例.

5.2　ひずみ測定

5.2.1　ひずみとは

　ひずみの測定といえば，ひずみゲージ（strain gauge）という言葉だけはどこかで聞いたことがあると思うが，このひずみの計測は非常に長い歴史をもち，その間に蓄積された技術は膨大なものである．筆者も若いころには，あまりこの分野に関心がなかったが，超音波物性の仕事を手がけるようになってから，にわか勉強をしてみると，その奥の深いことに驚かされた．その内容は，おそらく1冊の本でもとても書ききれないような豊富なものである．逆に，これをどの程度にまとめるかということに苦慮しているといったほうがよい．それでも，まず，有力な文献をあげておこう．

1) *Omegadyne Pressure, Force, Load, Torque Databook*, OMEGADYNE Inc.（1996）
2) *The Pressure, Strain, and Force Handbook*, Omega Press LLC（1996）
3) *McGraw-Hill Concise Encyclopedia of Science and Technology*, McGraw-

Hill (1998)

4) *Instrument Engineer's Handbook*, Bela Liptak, CRC Press LLC (1995)

まず，応力 σ とひずみ ε の定義から始めよう．

$$\sigma = \text{Force/Unit Area} \tag{5.10}$$

$$\varepsilon = \text{Change in Length/Length} \tag{5.11}$$

ひずみ(strain)は，通常ひずみゲージで測定される．L. Kelvin が 1856 年に，ひずみのために金属のワイヤの電気抵抗が変化することを発見して以来，ひずみ測定の研究は，今日まで絶えず発展してきた．基本的にひずみゲージは，機械的な運動を電気信号に変換する道具である．ひずみには，大別すれば，1) 準一次元な長さの変化(ポアソン(Poisson) ひずみ)，2) せん断ひずみ(shearing strain)，3) 曲げひずみ(bending strain)，の 3 つがある．

物体の変形は，機械的，光学的，音響的，電気的な手法によって測定される．この中で，光学的な手法は，光学干渉じま(optical interference fringe)を利用して変形を測定する方法で，最も精度の高いものであるが，測定はデリケートな調整が必要であり，一般的にはあまり利用されていない．

電気抵抗のひずみによる変化を利用する方法は，最も一般的な方法で，模式的には図 5.5 のようなセンサを利用するものである．電気抵抗の変化を利用するひずみゲージは，早くも 1938 年には産業用のものが開発されている．これは比較的単純なものではあるが，問題は，このタイプのセンサは温度にも敏感であり，長期の動作をする場合には，温度補償とドリフトの補償をする必要がある点である．1970 年代に入り，半導体のピエゾ抵抗(piezo resistance)効果を利用した，半導体ひずみゲージが登場する．これらのゲージは，金属のゲージに比べて，ゲージファクタ(gauge factor)が 50 倍以上あり，感度は 100 倍高い．

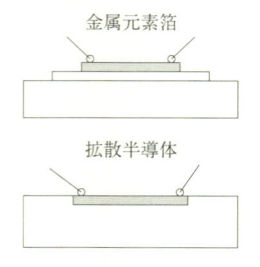

図 5.5　ひずみゲージの構造．

$$\text{gauge factor} = (\Delta R/R)/\varepsilon \tag{5.12}$$

5.2.2 ひずみの測定回路

ひずみゲージの測定回路には，もっぱらホイートストンブリッジ (Wheatstone bridge) が用いられる．ブリッジのアームの構成は，種々のバリエーションが考えられる．特性の一致した2つのひずみゲージを取り上げ，ひずみのあるものとないものを，スイッチで切り替えて温度補償をとる方法や，全部のアームを類似した4個のゲージを接続しておくといった方法が考えられている．

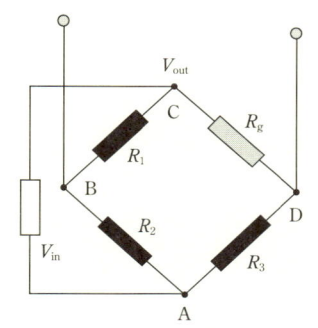

$$V_{\text{out}} = V_{\text{in}}(R_3/(R_3+R_g) - R_2/(R_1+R_3))$$

図 **5.6** ホイートストンブリッジ回路．

V_{out} の測定は，計測増幅器の独壇場であり，これについては，もう一度3.3節を参照されたい．図5.7に実際の例をあげておく．

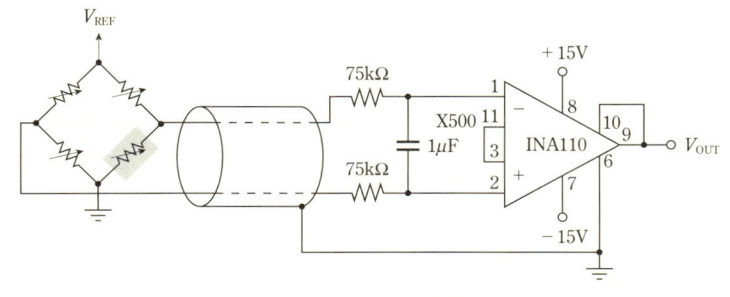

図 **5.7** ブリッジ増幅器の例．

5章 物理量(変位,ひずみ,加速度)のための電子回路

圧力やトルクの測定には，専用のセンサが多数開発されているが，その詳細は，前項であげた文献を参照されたい．

5.3 超音波伝播，減衰測定器

材料の力学的な特性を明らかにするために，物質中を伝播するひずみの波の伝播特性，減衰特性の測定がよく行われる．対象とする物質は，気体，液体，固体のすべての領域にわたっており，これらの研究は，音波物性という総称でよばれている．ここでは，過去に筆者が実際に行った半導体材料の研究を振り返って，これらの研究に役だつ測定器の概要について述べることにする．

超音波測定器は，その超音波の周波数に応じて多様な手法が用いられる．ここでは，超音波変換器を音源として，これを測定しようとする材料に貼り付けて測定を実行する，最も一般的な手法について述べることにする．

5.3.1 超音波変換器

超音波変換器には，多くの場合に，圧電材料の薄い板が用いられる．水晶は最もよく利用される材料であるが，目的によっては種々の圧電材料が使われる．たとえば，超音波洗浄器，超音波カッターなどの高電力装置には，電気機械結合係数の大きなPZTとよばれる材料が使用される．水晶の場合には，厚み振動と厚みずれ振動の2つのモードを使う(図5.8参照)．これらの変換器を，端面を平行に研磨した材料の一方の端面に接着し，電極にパルス変調された電気信号を印加して，その応答を測定する．測定される材料の端面の平行度は，超音波の測定に決定的な影響をもたらす．これについては，測定回路の議論の後で述べることにしよう(5.3.2項)．

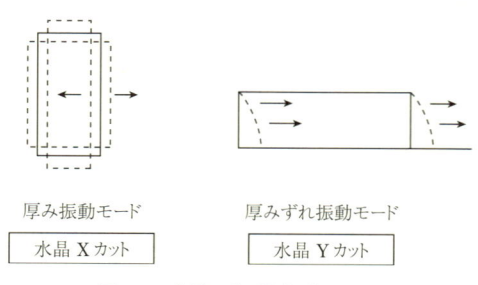

厚み振動モード　　　厚みずれ振動モード
　水晶 X カット　　　　水晶 Y カット

図 5.8 水晶の主要な振動モード．

5.3 超音波伝播, 減衰測定器

図 5.9 において，圧電変換器に図のようなパルス発振波形を印加すると，超音波のパルス状のひずみは試料中を伝播し，試料の終端の短面で反射される．この反射ひずみは，試料中を逆向きに伝播し，変換器に到達する．このとき変換器はひずみの受信素子として働き，電圧を発生する．これを超音波のエコーという．

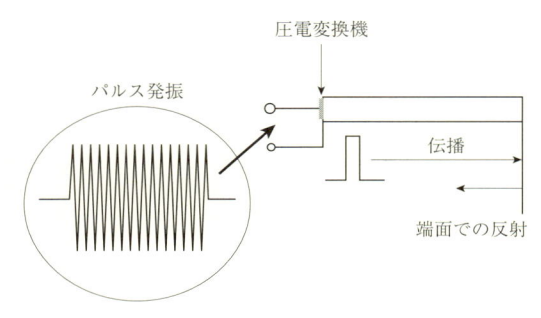

図 5.9 超音波ひずみの伝播と反射.

この電圧をオシロスコープ上で観測すると，図 5.10 のようなパターンになる．図から，試料における音波の減衰率と音速が測定できることがわかる．したがって，パルス変調された交流発振器(周波数可変)を作ることができれば，原理的には，超音波測定装置はできあがることになる．

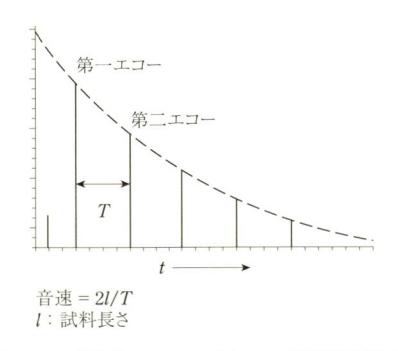

音速 = $2l/T$
l : 試料長さ

図 5.10 超音波のエコーパターン(理想的な場合).

パルス変調された交流発振器は，比較的周波数の低いときには，ゲート増幅器 IC を 1 個利用すれば簡単に作成することができる．図 5.11 は，Motola MC1545G を使った回路の例とパルス発振である．

5章　物理量(変位，ひずみ，加速度)のための電子回路

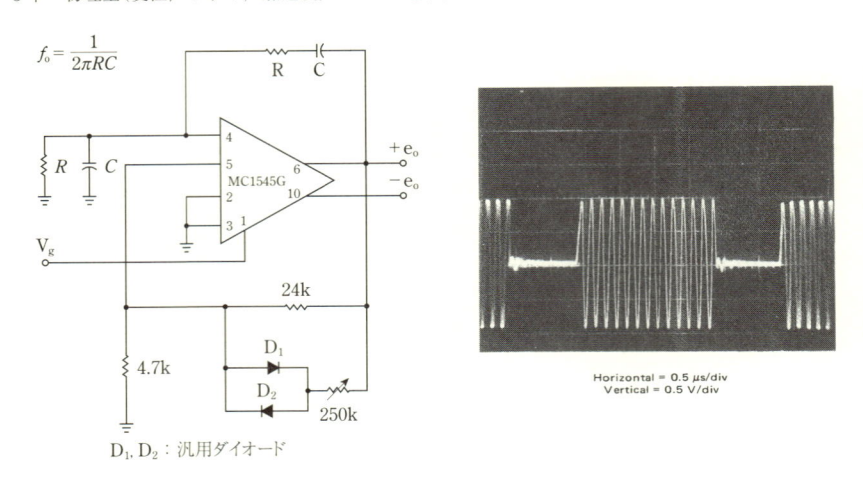

図 **5.11**　MC1545G を使った回路の例(左)とパルス発振．

$f_o = \dfrac{1}{2\pi RC}$

Horizontal = 0.5 μs/div
Vertical = 0.5 V/div

D_1, D_2：汎用ダイオード

　数百 MHz 以上のパルス変調された交流発振器を作るには，ちょっとした工夫が必要となる．まず，連続波の発振器を用意し，これに図 5.12 に示すような電圧制御減衰器を付加する(電圧制御減衰器については第 6 章を参照)．周波数の高いパルス発振波形を作るには，この電圧制御型減衰器を利用するのが便利である．これを利用したパルス発振の波形の例を，図 5.13 に示す．

図 **5.12**　電圧制御型減衰器．

5.3 超音波伝播, 減衰測定器

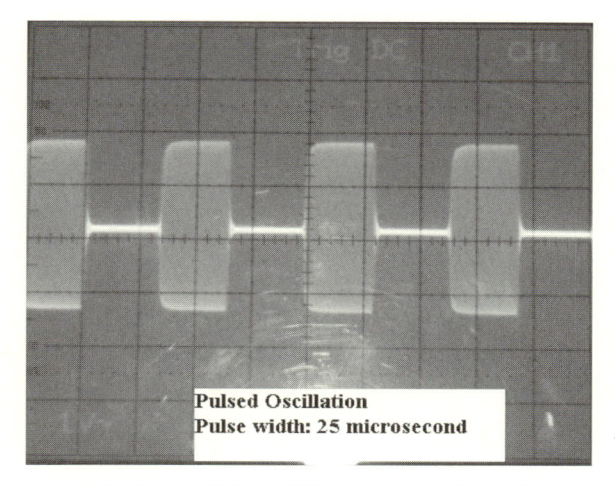

図 5.13　電圧制御型減衰器を使うパルス発振の波形.

一般に，圧電変換器の変換効率は低く，特に周波数が高くなるとこの効率は非常に低くなるので，測定に要する変換器の入力電圧は，数百ボルトの大きな振幅を必要とする．したがって，図 5.14 に示すような高周波大電力増幅装置が必要になる．

高周波大電力増幅器は多数市販されているが，いずれも高価である．この中

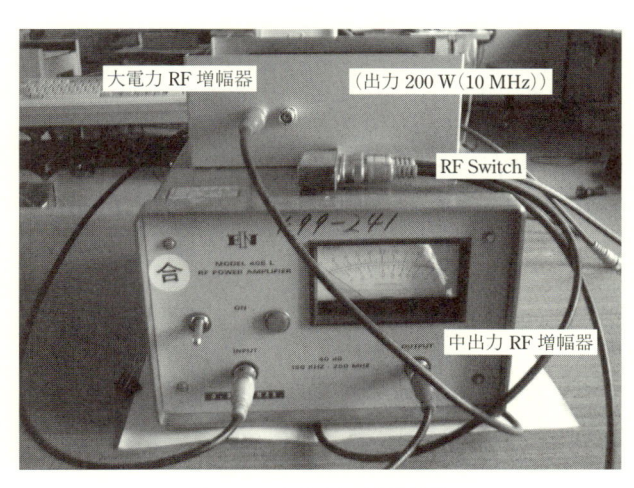

図 5.14　高周波大電力増幅器.

89

で，比較的容易に入手できるものとしては，米国 Apex 社の高出力パワーオペアンプがある(日本の代理店は極東貿易株式会社)．なかには，1 kW～2 kW 程度の出力が得られるものがあり，真空管に替わって出力段に使用することができる．ただし，IC の熱放出について十分な考慮が必要で，これをおろそかにすると，たちまち IC が破壊されてしまう．この IC は 1 個 10 万円以上するので，不注意は禁物である(はずかしながら，筆者は過去に何個か壊した苦い経験がある)．

5.3.2 試料の端面の研磨方法

さきにちょっと触れたが，これは超音波エコー法の死命を制する重要な技術である．これに失敗すると，真の測定値を得るのに多大な苦労を強いられることになる．端面の平行度が悪いと，図 5.10 に示したような理想的な指数関数の減衰曲線から，著しくずれたエコー特性が現われる．

そこで，厳密にこの平行度を保持するために，次のような方法で平行研磨を実行する．まず，真ちゅうの丸棒から平行な板を旋盤で削り出す．中心に試料が通過できる穴を開ける．次に円板の周辺の 3, 4 ヵ所に，試料と同じ材料の小片を貼り付ける．中心の穴に試料を固定する．これ全体を研磨盤上で研磨し，表面から各試料小片までの距離が完全に一致するように，研磨を行う．これを両面について実行する．保持器の外周の距離が 1/100 mm の範囲で完全に一致するまで，研磨を続行する．そうすると，中心部に位置する試料の両面の平行度は，非常に高い精度で設定されることになる．ただし，これはかなり忍耐のいる手作業で，ちょっとした名人芸を要するといったほうがよいかもしれない．

若いころに，朝から晩まで手で試料を磨くという作業を何日もさせられた．そろそろよいかなと思って実験してみると，全然だめだったりする．こんなときはしかたがないので，もう 1 度，研磨のやり直しである．平行研磨を追及した自動研磨装置というものは，世の中にあることはあるが，非常に高価で簡単に購入できるようなものではない．平行研磨用の治具は，1 個 100 万円以上する．実験には，上に述べたような一見くだらないような作業を，延々としなければならない場合が必ずある．このようなとき，忍耐力のない研究者はここで落伍する．

5.3.3 圧電変換器を試料の端面に接着

これはまたかなりめんどうな作業になる．液体窒素温度以下で実験を行うときには，比較的簡単な操作でこの貼り付けが実行できる．まず，シリコーング

リースを試料端面に一様の塗布し，変換器をこれに接着したのちに液体窒素に「ジャブづけ」する．そうすると，瞬時に接着面のグリースが固化するので，これで，超音波を効率よく導入することができる．

ここで，オシロスコープでエコーパターンを観測し，指数関数的な減衰が見られるかどうかをチェックする．もしもパターンに端面の非平行に基づく干渉の効果が現われた場合には，変換器をはずして試料をよく洗浄したのちに，再度平行研磨を行う．

室温における変換器の貼り付けは，かなりの技術を要する．筆者はピセインという真空シール剤をトルエンに溶かした溶剤を使い，これを試料端面に塗布したのちに，冶具を使って端面に一様な圧力を加え，これを空気中で3時間ほど乾燥する．1 GHz 程度の超音波を使用するときには，インジウムの蒸着膜を使い，加圧状態で400℃程度の温度を加えて圧着を行う．これは，圧着後にテストをしてみないと実際に働くかどうかはわからないというもので，これもけっこう忍耐力との勝負になる．

5.4 除振装置について

通常の研究室は，特別な場合を除くと，常時外部からの不規則な機械振動が入り込んでいる．廊下を歩く人による振動，装置の傍を歩く研究者自身による振動，ほかの研究室からの機械的な振動，極端な場合には，外を走る各種の車の振動といったものが，すべて入り込んでくる．微小な変位の測定を実行しようとするときに，これらの乱雑な機械振動は測定を不能にするものであり，最初から除外する方法を設定しておかなければ，何を測定しているのか全くわからなくなってしまう．雑音を測定しても意味がない．

これらの外部雑音を除去する装置は，除振装置とよばれ，種々のものが市販されている．本格的な除振装置は，建物からある特定の領域を完全に分離し，建物を媒体として伝わってくる振動を機械的に分離してしまう．この領域に新たに装置を搭載するわけで，除振の効果は非常に高くなるが，値段も非常に高価になる．

ある大学の研究室では，自動車のタイヤを除振に利用している．小型自動車のタイヤを適当に組み合わせ，実際に実験装置をその上に搭載して，どのような配置が一番振動が少なくなるか，測定を繰り返す．建物の構造などによって最適の配置は当然異なるので，試行錯誤しながら最適配置を探していく．これは1週間以上かかる大仕事であり，忍耐力が非常に必要な作業である．

通常の実験室で除振を効果的に行うためには，どのようなことに注意すればよいだろうか？　それは，低周波の機械振動に共振しないような測定台を作ることである．これは，たいへんなことのように思われるかもしれないが，案外とコロンブスの卵的なことなのである．まず，確かな重量の実験台を設置する．これだけでは，全く除振にはならないが，この実験台の上に，小型の鉄製の台を置く．10～20 cm四方の中空の台を置くのである．この上に試料を搭載する．これだけで，十分な除振が可能になる．それは，このような小型の台の機械的な共鳴周波数は十分に高いので，低周波の不規則振動に遭遇しても，これに同調することがなく，その影響を受けることがなくなる．光やレーザーを使った実験でも，除振は重要な課題であるが，このような簡単な工夫で，効果を上げることができる．

6章 精密な発振器の構成

最近は，PLL 回路とか，ダイレクトデジタルシンセサイザといった言葉がよく聞かれるようになってきた．これらは歴史的にみれば，最新の回路というわけではないが，IC の進展に伴って，必要な素子や部品が比較的安価に入手できるようになり，研究室でも自作可能な時代になってきた．ここでは，これらの回路について述べることにしよう．

6.1 PLL 回路とは

これに関連する内容は，すでに何回かこれまでの章で触れてきた．ロックインアンプ(3.4.3)，位相差測定(4.4.2)などである．実際の位相周期ループ(phase-locked loop，PLL)回路は，位相差測定回路と電圧制御発振器(voltage controlled oscillator，VCO)，および周波数分割器の組合せによって構成される．もう一度，位相差測定回路の項を振り返ってみよう．基本的な PLL 回路の例を，

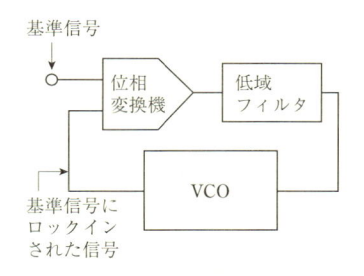

図 **6.1** 基本的な PLL 回路．

6章 精密な発振器の構成

図 6.1 に示す.

これは,VCO のフィードバック制御回路である. もう一度, この回路の復習をしよう. 基準信号を,

$$V_r(t) = A \sin(\omega_r t + \theta_r) \tag{6.1}$$

とし,VCO の出力を,

$$V_{VCO}(t) = B \cos(\omega_0 t + \theta_0) \tag{6.2}$$

とすると, 位相検波器(ミクサまたは掛け算器)の出力は,

$$Vd(t) = ABK_m \sin(\omega_r t + \theta_r) \cos(\omega_0 t + \theta_0) \tag{6.3}$$

となる.

これは,三角関数の公式

$$2 \sin(\omega_r t + \theta_r) \cos(\omega_0 t + \theta_0)$$
$$= \sin(\omega_r t + \omega_0 t + \theta_r + \theta_0) + \sin(\omega_r t - \omega_0 t - \theta_r - \theta_0)$$

より,

$$Vd(t) = (ABK_m/2)(\sin(\omega_r t + \omega_0 t + \theta_r + \theta_0) + \sin(\omega_r t - \omega_0 t + \theta_r - \theta_0)) \tag{6.4}$$

となる. 低域フィルタにより,$\sin(\omega_{rt})$ の項は強い減衰を受ける. したがって,位相検波器からの出力は,$\omega_r = \omega_0$ なるとき,

$$Vd(t) = (ABK_m/2) \sin(\theta_d) \tag{6.5}$$

となる. ここで,$\theta_d = \theta_r - \theta_0$ である.

この出力は,θ_d がゼロならばゼロであり, 位相差がある場合には有限な直流電圧が発生する. この電圧は電圧制御発振器の制御端子に加えられ,位相差を減少させるように作用することになる. これは,位相周期ループ(phase-locked loop)とよばれ,周波数電圧変換器や,正確に制御された発振器に利用されている.

実際の PLL 回路を使った発振器では,図 6.2 のように,一般に $1/N$ スカラが付加され, 実際の発振周波数が基準信号入力の N 倍になるように制御される.

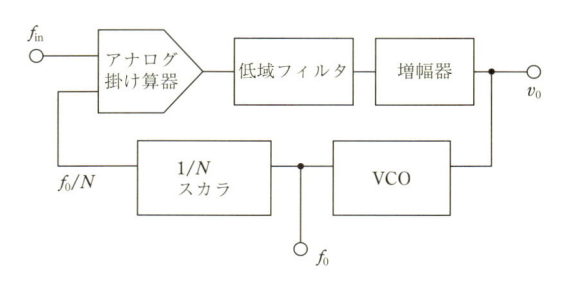

図 6.2　PLL 回路を用いる精密発振回路.

6.2　電圧制御発振器

1960 年代の半導体素子の急速な開発により，pn 接合を利用するバラクタダイオード(varactor diode)が，電圧制御型の新しい可変電気容量として登場した．当時はデスクリートな素子として登場したが，1990 年代には完全に IC の中に組み込まれ，モノリシック IC としての VCO が登場するようになる．

バラクタダイオードは，図 6.3 のような構造をしている．バラクタダイオードの容量は，

$$C_j(V) = C_j(0)/(1 + V/\phi)^\gamma \tag{6.6}$$

で表される．ここで，V は逆バイアス電圧，ϕ は接触電位，γ は C–V 特性の傾斜を表す．階段状の pn 接合の場合には，$\gamma = 0.2$ である．したがって，バラクタダイオードの容量は，逆バイアスに対して，図 6.4 のような変化を示す．

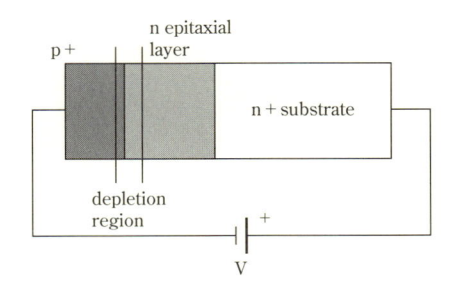

図 6.3　バラクタダイオードの構造.

6章 精密な発振器の構成

実際に発売されているバラクタダイオードのいくつかの例をあげよう．UHF帯 (300～3 GHz) で使用可能なバラクタダイオードは，いろいろなメーカーで発売されているが，Philips 社と東芝㈱の例を，図 6.4, 6.5 にあげておこう．東芝の場合には，二端子構造にして，回路の単純化をはかっている．

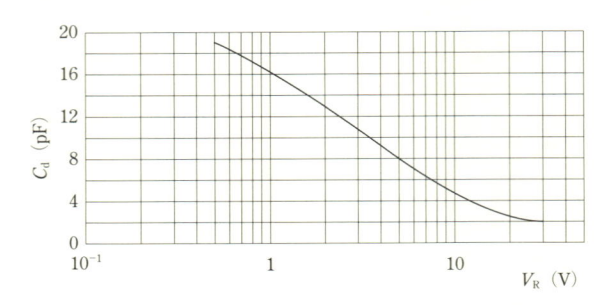

図 6.4 バラクタダイオードの容量のバイアス依存性．

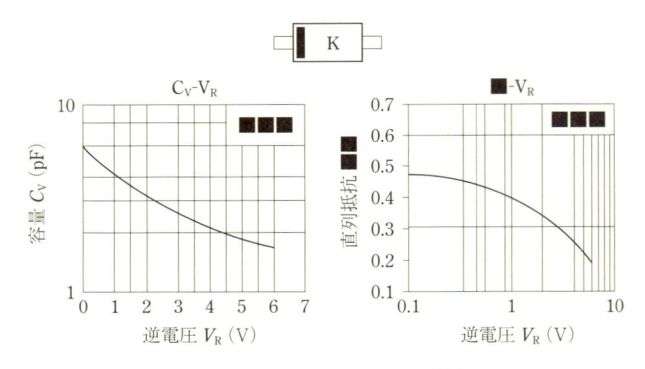

図 6.5 バラクタダイオードの特性例．

Q 値 (quality factor) は，普通，50 MHz で 2000～2500 の程度である．このバラクタダイオードと高周波トランジスタを組み合わせると，VCO ができあがる．その基本的な回路は，図 6.6 のようなものである．

2～3 GHz 帯で，比較的安定度の高い VCO には，図 6.7 に示すような"接地ベース"タイプの発振回路が使用される．

この回路の共鳴周波数 F は，図 6.8 に示す等価回路から，

$$F = \frac{1}{2\pi\sqrt{L_\mathrm{P} C_\mathrm{T}}} \tag{6.7}$$

6.2 電圧制御発振器

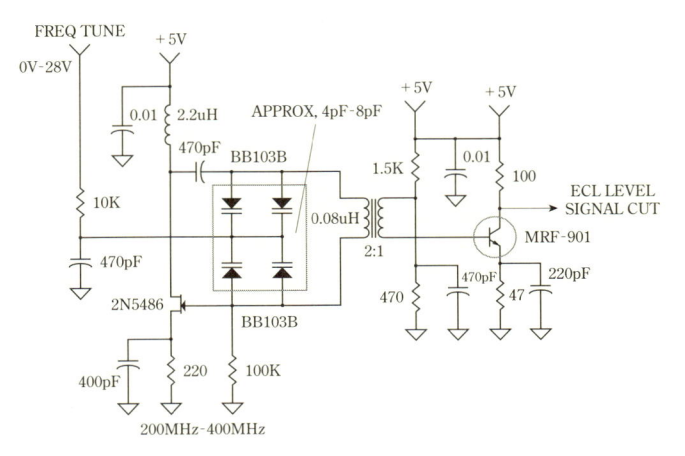

図 **6.6** バラクタダイオードを使用する発振器回路.

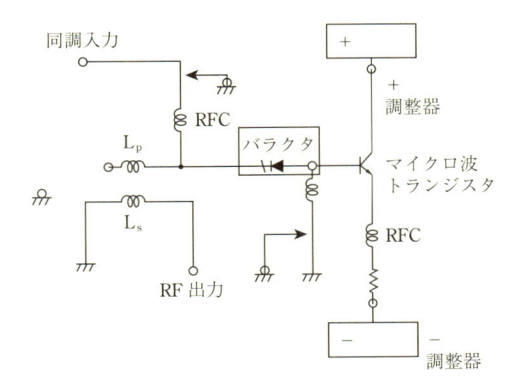

図 **6.7** 接地ベースタイプの UHF 帯 VCO.

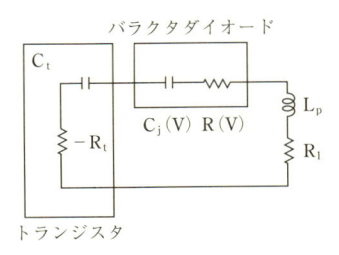

図 **6.8** 接地ベース回路の等価回路.

97

6章 精密な発振器の構成

$$C_{\mathrm{T}} = \frac{C_{\mathrm{t}} C_{\mathrm{j}}(v)}{C_{\mathrm{t}} + C_{\mathrm{j}}(v)} \tag{6.8}$$

ここで，C_{t} はトランジスタの入力容量，$C_{\mathrm{j}}(V)$ はバラクタダイオードの容量，L_{p} は同調インダクタンスである．$C_{\mathrm{j}}(V)$ が(6.6)式で与えられているときには，

$$F = AV^{0.25} \tag{6.9}$$

となる．したがって，たとえば $A = 10^8$ とすると，F は逆バイアスにより，図6.9のように変化することが予想される．

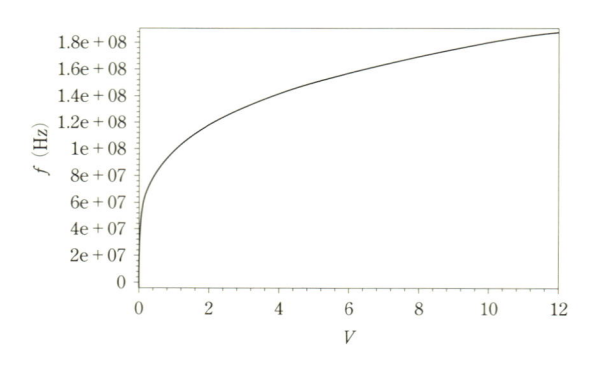

図 6.9 共鳴周波数のバイアスによる変化．

残念ながら，バイアスにより F は線形に変化しない．線形な変化をさせるためには，バイアスが非線形に変化するような回路を設定する必要がある．特に，線形掃引にこだわることがなければ，これらの製品は安価であるので，簡単に使用することができる．

線形掃引を問題にするときには，ちょっとめんどうなことになる．ところが，この問題を一挙に解決するバラクタダイオードが開発されていることを最近知った．それは，超階段バラクタダイオードというものである．その特性は，通常のバラクタダイオードとはかなり変わっている(図 6.10 参照)．

この場合には，(6.6)式の γ の値が広い領域で 2 となるので，この値を(6.7)，(6.8)式に代入すれば，

$$F = AV \tag{6.10}$$

となり，周波数は，近似的にバラクタダイオードの逆バイアスの線形な関数と

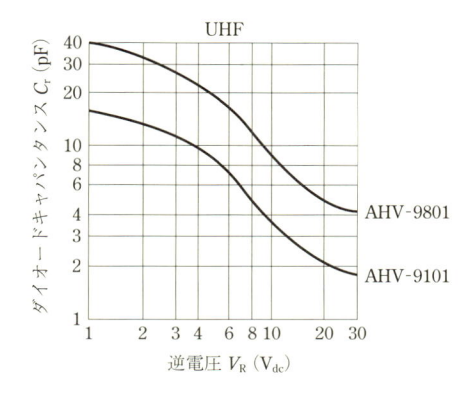

図 **6.10** 超階段バラクタダイオードにおける容量のバイアス依存性の例.

なる．この関係は非常に有用なもので，線形掃引発振器などに直ちに応用される．

さて次に，モノリシック VCO も最近各種発売されてきているが，ここでは IC MAX2050（図 6.11）について述べよう．この回路の発振特性のいくつかを図 6.12 に示す.

図 **6.11** MAX2050 の実装図.

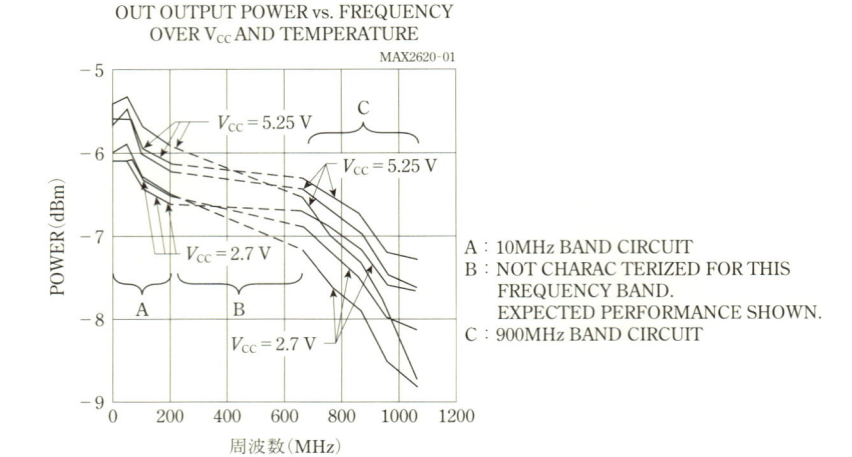

図 6.12 MAX2050 の発振特性.

6.3 最も単純な PLL 回路の例

簡単に PLL 回路を試してみるには，図 6.13 に示す NS の PLL がよい．この IC は，

200 ppm/C VCO stability

0.2 % linearity of demodulated output

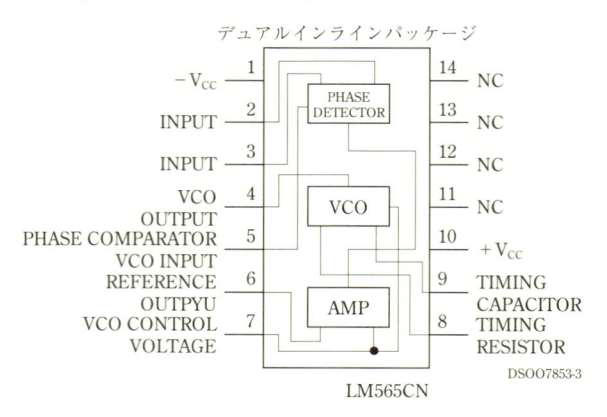

図 6.13 NS の PLL IC.

周波数帯 0.001 Hz 〜 500 kHz

highly linear triangle wave output

といった特性をもつ．

次に示すのは，4046 PLL IC で，これも一般的によく使われている（図6.14，6.15）．2.3節で紹介した 10 MHz の周波数標準のキットは，この 4046 PLL IC とディケード計数器／分割器を組み合わせたものである．

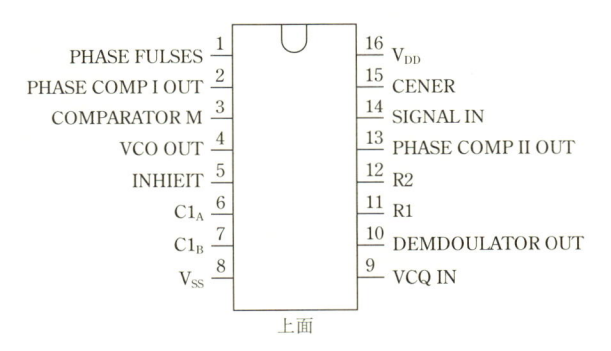

```
PHASE FULSES     1        16  V_DD
PHASE COMP I OUT 2        15  CENER
COMPARATOR M     3        14  SIGNAL IN
VCO OUT          4        13  PHASE COMP II OUT
INHIEIT          5        12  R2
C1_A             6        11  R1
C1_B             7        10  DEMDOULATOR OUT
V_SS             8         9  VCQ IN
                     上面
```

図6.14 4046 PLL IC．

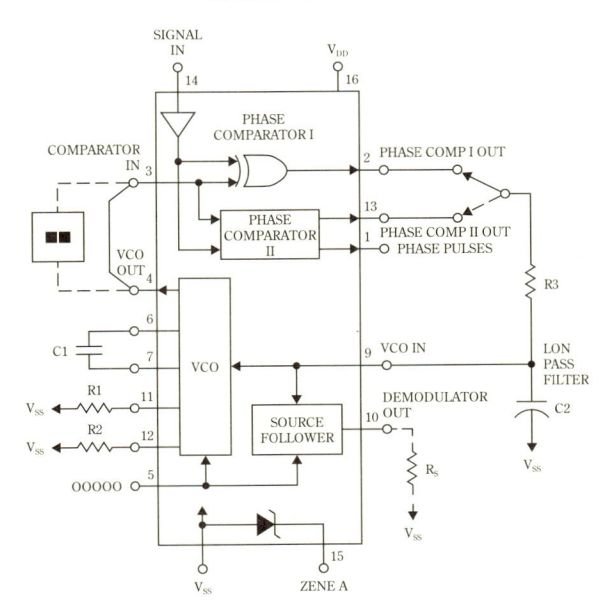

図6.15 4046 PLL IC のブロックダイヤグラム．位相比較器，VCO が一体化されている．

6.4 発振振幅の制御 − PIN ダイオード減衰器

周波数が高い発振器からの出力振幅の制御は，抵抗分割回路を利用することもできるが，抵抗の高周波におけるインダクタンスや容量の補償を行わないと，正確な振幅制御を行うのは困難である．

一方，高周波用の PIN ダイオードは特異な性質をもっており，ある高周波領域で，ほとんど純粋な抵抗として振舞う．しかも，この領域で，抵抗の値を $1\,\Omega$ から $10\,\mathrm{k}\Omega$ の範囲にわたり，DC バイアスにより可変とすることができる．この特性を利用すると，広い周波数領域にわたり出力振幅を一定に保持したり（レベリングという），振幅のパルス変調，あるいは可変減衰器として利用することができる．

PIN ダイオードは Si を母体とし，図 6.16 のような構造をしているダイオードである．その等価回路も同時に示してある．

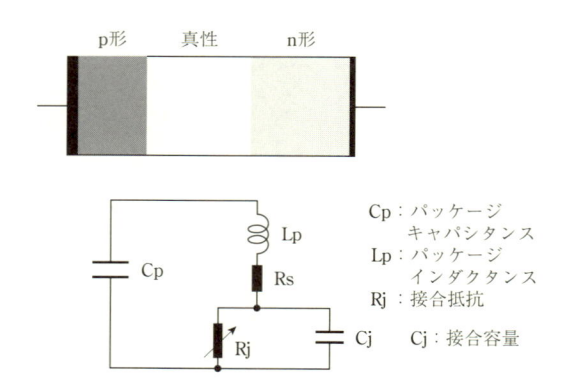

図 6.16 PIN ダイオードの構造と等価回路．

RF における PIN ダイオードの抵抗は，おおまかに言って，バイアス電流に比例して抵抗が小さくなる特性をもっている．実際の HP 社の RF PIN ダイオード減衰器の例を図 6.17 に示す．

図 **6.17** 実際の RF PIN ダイオード減衰器とバイアス回路．筆者はこの素子を，YIG 発振器のレベリングに使用している．

6.5　ダイレクトデジタルシンセサイザ(DDS)

　最近は，この DDS が高精度の発振器として使用されるようになってきた．筆者はアナログ的な人間なので，デジタル回路は大の苦手であるが，時代の流れということもあり，これにも少しだけ触れておくことにしよう．DDS というのは，出力する発振波形を，デジタルデータによって合成して作り出す回路のことである．手法としては，あらかじめメモリしておいた sin 波形のデータを取り出して変換出力する方法が，一般的である．

　各種の高性能な DDS LSI が発売されているが，筆者にとってはどれも頭の痛くなるような代物ばかりである．このようなときには，まず，できるだけ簡単な DDS の構成回路を探し出して，種々自分で作りながら実体験しつつ理解していくのがいちばんである．まず，IC 3 個と水晶発振子 1 個で構成する DDS を試作しよう．これでも，0.07 Hz から 250 kHz まで 0.07 Hz ステップで変化させることができる DDS を，作り上げることが可能となる．

　IC としては，MAX202CPE：＋5 V RS232 トランシーバ，MAX603CPA：＋5V 電圧調整器，AT90S2313P：ATMEL 社の(2.7 V〜6 V)CMOS 8 ビット マイクロコントローラである．これと，はしご形回路網 R2R(10/20 k)を組み合わせて使用する．R2R はしご形回路網を AT90S2313 の端子 B(PB_0〜PB_7)に接続することにより，簡単なデジタル−アナログ変換器(D/A)を構成する．これで，256 電圧レベルを構築することができる．この場合の出力抵抗は数 10 kΩになるので，これにバッファ用の増幅器を付加して使うほうがよい．

6章 精密な発振器の構成

マイクロコントローラを使用するので,当然ソフトウェアが必要になるが,これは ATMEL 社のソフトの使用方法に関する解説(インターネットで,簡単にダウンロードできる)をよく読んで,例題を参考にして作製する.DDS に要するアセンブラのソフトは,短くて簡単である.

パソコンに Windows コントロールプログラムを導入するれば,次の図 6.18 のようなダイアログを画面に表示することができ,これで発振周波数を任意に設定できる.この DDS の回路を図 6.19 に示す.

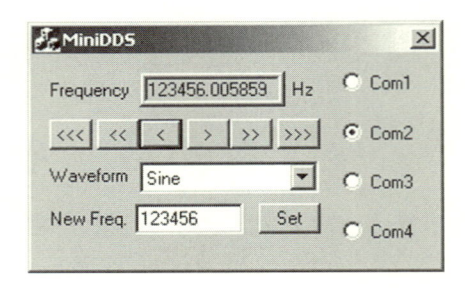

図 **6.18** Windows コントロールプログラムの例.

分解能は,

$$\Delta f = f_{\mathrm{CPU}}/150994944 \tag{6.11}$$

$$F_{\mathrm{out}} = \text{アキュムレータ} \times \Delta f \tag{6.12}$$

たとえば,水晶として 11.059200 MHz を使用すると,Δf = 0.073242188 Hz となる.これで,Windows の小さなプログラムから RS232 を介してデジタルに制御された正弦波,三角波,矩形波を作り出すことができる.パソコンやソフトが必要になるので,めんどうという人も多いかと思うが,周波数を欲ばらなければ,それほどおおげさなものにはならない.しかも性能はかなり高度なものが簡単に得られるので,一度は試す価値のあるものである.

もう少し周波数の高い領域までの DDS としては,図 6.20 に示す AD9832 がある.これを使えば,0.005 Hz から 12 MHz まで,0.005 Hz の分解能をもつ DDS ができあがる.実際の体系は,ソフトウェアを含めて図 6.21 のようになっており,もちろんソフトウェアも購入することになる.

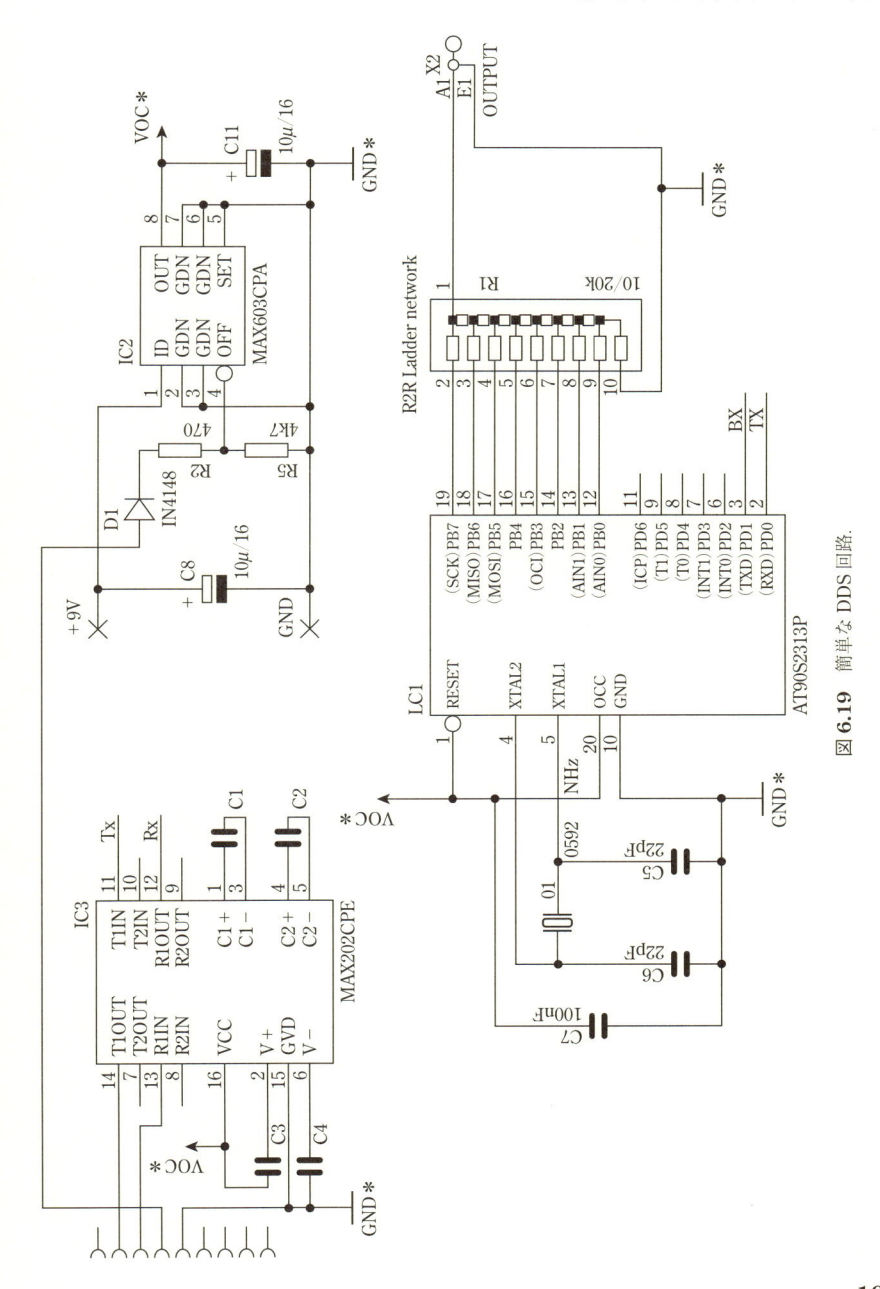

6.5 ダイレクトデジタルシンセサイザ

図 6.19 簡単な DDS 回路.

6章 精密な発振器の構成

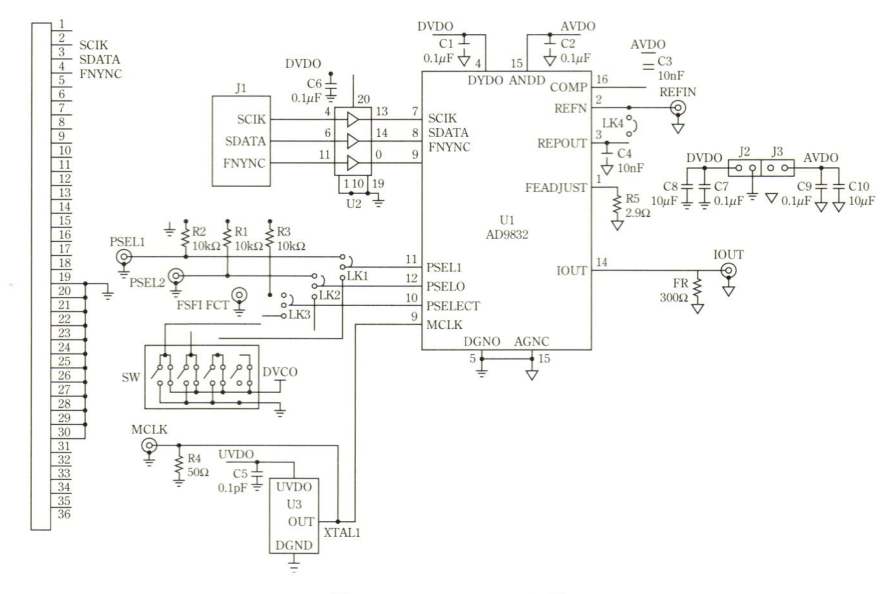

図 6.20　AD9832 DDS 回路.

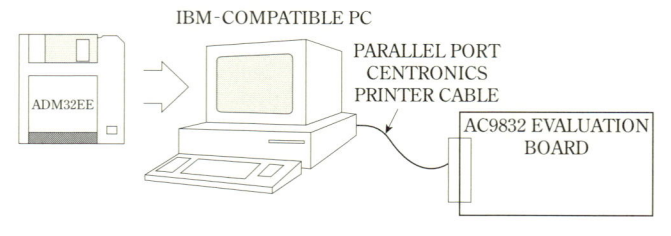

図 6.21　AD9832 DDS の体系.

6.6　各種の波形を作る

　ときには，特殊な発振波形が欲しくなる場合がある．たとえば，かなりゆっくりしたランプ掃引回路とか，階段状の波形，三角波といったものが欲しい場合がある．ゆっくりしたランプ掃引回路は，材料の電気抵抗を測定する場合などにたいへん便利である．高抵抗の材料でも測定可能になるように，最終段に高電圧増幅器を付加しておく．

6.6.1 ゆっくりしたランプ掃引回路の例.

電圧の上昇率と下降率を自由に設定できる三角波の回路は，図 6.22 のように，2 つの IC を使って作製することができる．

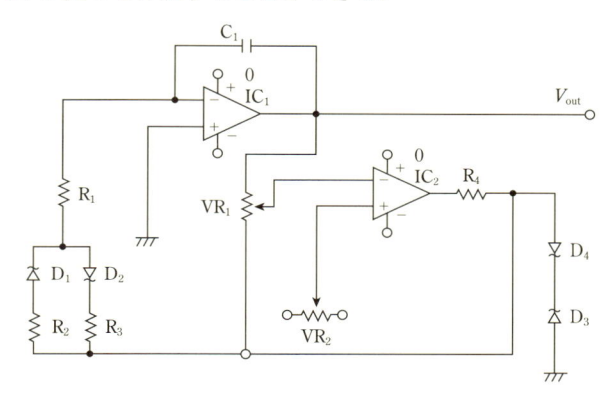

図 6.22 ゆっくりした非対称三角波発振回路.

設計の手順は次のように行う．
1) 最小の繰り返し周波数：0.01 Hz，$C_1 = 10\,\mu\text{F}$
2) ツェナーダイオード：降伏電圧 2 v
3) $R_1 = 80\,\text{k}\Omega$（電圧上昇率：最大 10 V/s，最小 1 V/s）
4) $R_2 = R_3 = 720\,\text{k}\Omega$（可変）
5) $R_6 = 1\,\text{k}\Omega \sim 1.5\,\text{k}\Omega$

また，作製例を図 6.23 に示す．

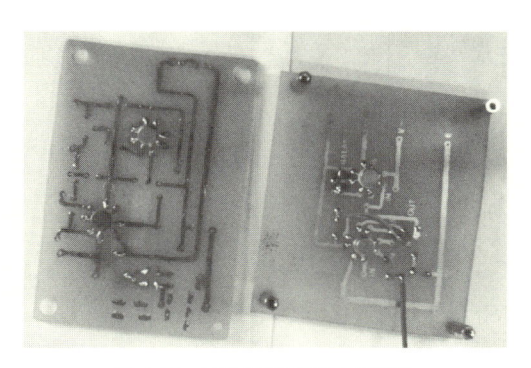

図 6.23 三角波発振回路の作製例.

6.2.2 階段波を作る

図 6.24 のような階段波を作りたい場合がある．このような波形ができあがれば，たとえばトランジスタの静特性の直接観測アダプタを作って，オシロスコープに付属することができる．階段波がベース電流の変化に対応させることができるからである．この波形を作る方法は種々あるが，安価な素子を使っても簡単にできあがる（図 6.25）．

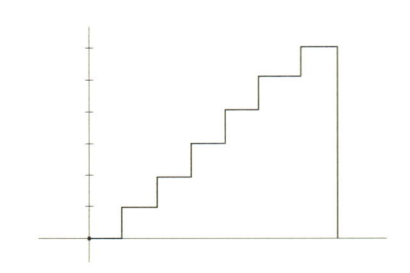

図 6.24 階段波の例．

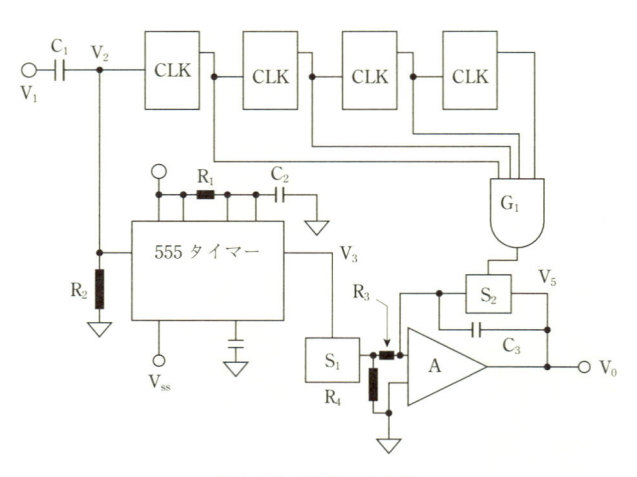

図 6.25 階段波発生器．

V_1 が正から負に移行するたびに，555 タイマーは，R と C で決まる幅の正のパルスを出力する．このパルスが CMOS スイッチ S_1 をオンにし，A_1 がこれの積分を行う．階段波発生器は 2 進カウンターが上限値となる．G_1 が S_2 をオン

にすると，リセットされる．階段波の各段の振幅は1つの抵抗 R_3 だけで決まるので，調整は容易である．非常に安定で，グリッチのない波形が得られる．

7章 マイクロ波周波数領域の測定—マイクロ波領域での測定には特別の配慮が必要になる

7.1 伝送線路の回路論

　周波数が高くなり数 GHz の領域に入ると，電磁波を有効に伝える(これを電磁波の伝播という)ためには，特別の道具が必要になってくる．立体回路や各種の伝送線路(transmission line)がこの分野で使われる．

　x 方向に伝播する電磁波の特性は，Maxwell の方程式によって与えられ，自由空間と同じ速度で伝播する波(TEM 波)は，

$$\left(\frac{\partial^2}{\partial y^2}E(x,y,z)\right)+\left(\frac{\partial^2}{\partial z^2}E(x,y,z)\right)=0 \tag{7.1a}$$

$$\left(\frac{\partial^2}{\partial y^2}H(x,y,z)\right)+\left(\frac{\partial^2}{\partial z^2}H(x,y,z)\right)=0 \tag{7.1b}$$

$$\frac{\partial}{\partial z}H(x,y,z)=-\sqrt{\frac{\varepsilon}{\mu}}\left(\frac{\partial}{\partial y}E(x,y,z)\right) \tag{7.1c}$$

$$\frac{\partial}{\partial y}H(x,y,z)=-\sqrt{\frac{\varepsilon}{\mu}}\left(\frac{\partial}{\partial z}E(x,y,z)\right) \tag{7.1d}$$

の関係により決定される．(7.1) 式より，電磁波のエネルギーが x 方向に伝播される場合には，

$$Ex=0, \quad Hx=0$$

で，進行方向に電場，磁場の成分をもたないので，TEM 波とよばれる．

2 本の平行な導線を伝播する波は，電場，磁場，それぞれに対するポテンシャル関数 Φ, Ψ に対する Laplace の方程式

$$\left(\frac{\partial^2}{\partial y^2}\phi(y,z)\right)+\left(\frac{\partial^2}{\partial z^2}\phi(y,z)\right)=0 \tag{7.2a}$$

$$\left(\frac{\partial^2}{\partial y^2}\Psi(y,z)\right)+\left(\frac{\partial^2}{\partial z^2}\Psi(y,z)\right)=0 \tag{7.2b}$$

を解くことにより決定される．

図 7.1 に示すように，2 本の導体からなる伝送線路の問題は，Maxwell の方程式により厳密に解くことができる．しかし，毎回 Maxwell の方程式を持ち出すのはやっかいである．2 本の銅線に電流が流れると周りに磁場が発生し，磁気エネルギーが蓄えられる．また，導線間に電位差があれば，電場が発生するから静電エネルギーが蓄えられる．したがって，2 本の導線の一部分をとって考えると，その部分には直列インダクタンスと並列容量があって，これが図 7.2 のようになっているものと等価であると考えることができる．したがって，伝送線路の電磁場の問題を，等価回路をモデルとした回路理論として取り扱うことが可能である．

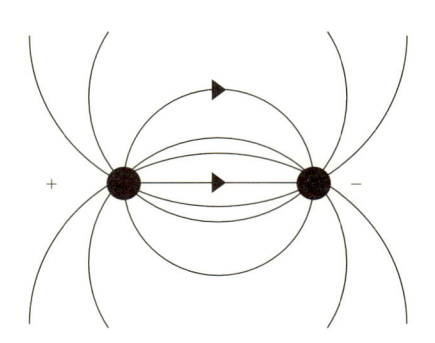

図 **7.1** 2 本の導体周辺の電磁場．

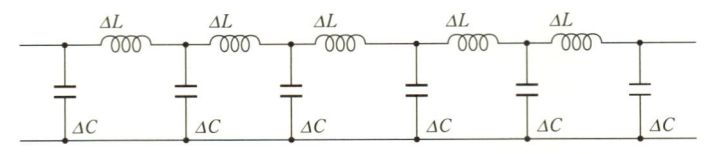

図 **7.2** 伝送線路の等価はしご型回路.

7.2 損失のない伝送線路

いま，局所的な単位長さあたりの静電容量とインダクタンスを C, L とすると，Kirchhoff の法則を拡張して，

$$-C\left(\frac{\partial}{\partial t}V_\mathrm{t}(x,t)\right) = \frac{\partial}{\partial x}I_\mathrm{t}(x,t) \tag{7.3a}$$

$$-L\left(\frac{\partial}{\partial t}I_\mathrm{t}(x,t)\right) = \frac{\partial}{\partial x}V_\mathrm{t}(x,t) \tag{7.3b}$$

この偏微分方程式を解くと，V_t, I_t の陽な形が求められる．解を，

$$V_\mathrm{t} = V_\mathrm{s}e^{(-\gamma x)} + V_\mathrm{s}e^{(\gamma x)} \tag{7.4}$$

$$I_\mathrm{t} = I_\mathrm{s}e^{(-\gamma x)} + I_\mathrm{s}e^{(\gamma x)} \tag{7.5}$$

とする．

γ は純虚数であり，

$$\gamma = \omega\sqrt{LC} \tag{7.6}$$

である．V_s, V_r, I_s, I_r の間には，

$$V_\mathrm{s} = Z_0 I_\mathrm{s}$$

$$V_\mathrm{r} = -Z_0 I_\mathrm{r}$$

の関係がある．ここで，

$$Z_0 = \sqrt{\frac{C}{L}} \tag{7.7}$$

で，回路の特性インピーダンス（固有インピーダンス）とよばれる．(7.4), (7.5)式より，これらの波は x の正の方向と負の方向に，

$$v = \sqrt{\frac{1}{LC}} \tag{7.8}$$

の速度で伝播する電磁波を表す．

7.3 抵抗のある線路

線路に抵抗分がある場合も，前節と同様な取り扱いが可能である．この場合には，線路の基本方程式は，

$$C\left(\frac{\partial}{\partial t}V_t(x,t)\right) = -\left(\frac{\partial}{\partial x}I_t(x,t)\right)$$
$$L\left(\frac{\partial}{\partial t}I_t(x,t)\right) + RI_t(x,t) = -\left(\frac{\partial}{\partial x}V_t(x,t)\right) \tag{7.9}$$

となる．これを組み合わせると，1本の2階の偏微分方程式が得られ，電信方程式という名前で，よく知られている方程式になる．

$$CL\left(\frac{\partial^2}{\partial t^2}It(x,t)\right) + RC\left(\frac{\partial}{\partial t}It(x,t)\right) - \left(\frac{\partial^2}{\partial x^2}It(x,t)\right) = 0 \tag{7.10}$$

この場合には，γ は，

$$\gamma = I\omega\sqrt{C\left(L + \frac{R}{I\omega}\right)} \tag{7.11}$$

となり，波は減衰することを示す．

7.4 伝送線路のインピーダンスと反射

いま，伝送線路の長さを l とし，一端に電源，他端にインピーダンス Z_1 の負荷をつないだとする（図7.3）．座標は，負荷のところで $x = 0$，電源のところで $x = -l$ とすると，$x = 0$ で，

$$V_t = V_s + V_r = Z_0 I_s - Z_0 I_r, \quad I_t = I_s + I_r \tag{7.12a}$$

図 7.3

$$Z_1 = (I_s - I_r)/(I_s + I_r)\, Z_0 \tag{7.12b}$$

$X = -l$ では,

$$\begin{aligned}V_t &= V_s e^{(\gamma l)} + V_t e^{(-\gamma l)} \\ &= Z_0(I_s e^{(\gamma l)} - I_t e^{(\gamma l)})\end{aligned} \tag{7.13a}$$

$$I_t = I_s e^{(\gamma l)} + I_t e^{(-\gamma l)} \tag{7.13b}$$

したがって,

$$Z = \frac{V_t}{I_t} = \frac{Z_0\left(I_s e^{(\gamma l)} - I_t e^{(\gamma l)}\right)}{I_s e^{(\gamma l)} + I_t e^{(-\gamma l)}} \tag{7.14}$$

である.

$$\rho = \frac{V_t}{V_s} = -\frac{I_t}{I_s} = \frac{Z_1 - Z_0}{Z_1 + Z_0} \tag{7.15}$$

は,伝送回路の端における反射係数を表す.

Z_0 が決まっている場合には,Z_1 と ρ は1対1の対応をするので,反射係数は,負荷を特徴づける量であることがわかる.Z は電源から右側をみたインピーダンスで,

$$Z = \frac{Z_0\left(1 + \rho e^{(-2\gamma l)}\right)}{1 - \rho e^{(-2\gamma l)}} \tag{7.16}$$

と書き表すことができる.

負荷のインピーダンスを Z_0 にすると,

$$\rho = 0 \tag{7.17}$$

となり,反射はゼロとなる.このとき,負荷は線路に整合(match)しているという.

7.5 定　在　波

一端に Z_l の負荷を接続した伝送線路に，他端から電磁エネルギーを送り込むと，(7.4)，(7.5)式より，電圧，電流は，

$$V_t = V_s \left(e^{(-I\beta x)} + \rho e^{(-I\beta x)} \right)$$
$$I_t = I_s \left(e^{(-I\beta x)} - \rho e^{(-I\beta x)} \right)$$
$$\lambda = \frac{2\pi}{\beta}$$

で表される．ここで，

$$|\rho| = 1 \tag{7.18}$$

すなわち，完全反射の場合には，

$$V_t = 2V_s e^{\left(\frac{1}{2}I\phi\right)} \cos\left(\beta x + \frac{\phi}{2}\right) \tag{7.19a}$$

$$I_t = -2I_s e^{\left(-\frac{1}{2}I\phi\right)} \sin\left(\beta x + \frac{\Phi}{2}\right) \tag{7.19b}$$

となる．電圧，電流は伝送線路に沿って，cos, sin のような変化をする．

位相 ϕ は，

$$\phi = 2I \operatorname{arctanh}\left(\frac{Z_0}{Z_l}\right)$$

の関係から決定される．これを図に描くと，図 7.4 のように表すことができる．$Z_l = 0$ の場合には，$\rho = -1$ となる．このときには，端からはかって，$\lambda/2$ の整数倍の位置で $V_t = 0$，$\lambda/2$ の半整数倍の位置で $I_t = 0$ となる．

以上の状態は，伝送線路に定在波(standing wave)が形成されている場合の典型的な例である．Z_l が純虚数でなければ，

$$|\rho| < 1 (Z の実数部が正であるから)$$

このときには，

$$\rho = |\rho| e^{(I\phi)}$$

115

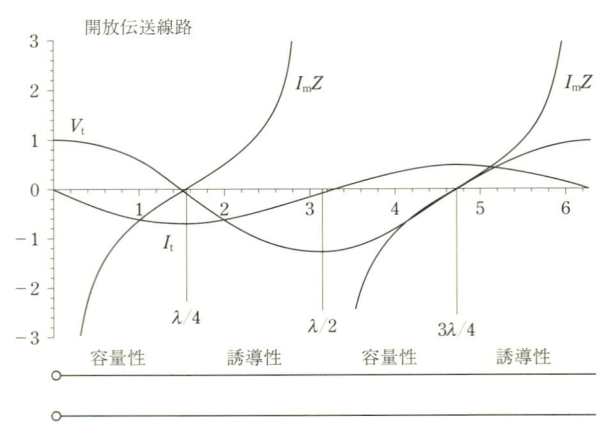

図 7.4 開放端の場合の電流, 電圧.

と表すと,

$$|V_t| = |V_s|\left|-e^{(-I\beta x)} + \rho e^{(\beta xI)}\right| = |V_s|\sqrt{1+2|\rho|-2|\rho|\cos(2\beta x+\phi)} \quad (7.20)$$

となる.

$$|V_{tmax}| = |V_s|(1+|\rho|)$$
$$|V_{tmin}| = |V_s|(1-|\rho|)$$

したがって, 上の式の比は,

$$\frac{1+|\rho|}{1-|\rho|} \quad (7.21)$$

となり, これを定在波比(standing wave ratio, SWR)という. これで, SWR と, 極小点の位置を測定すれば, 負荷インピーダンスを決定することができる(図7.5).

　伝送線路の現象を波によって記述することにより, 単に2本の導線の波動現象のみでなく, 一般的な導波管の波を扱うことが可能になる. 導波管では, 中の電磁場を電圧, 電流で明確に定義することはできない. しかし, 導波管における高次の電場モードを考えないことにし, たとえば, $TE_{1,0}$ モードの電圧分布の最大値を, 等価な電圧にとして用いることにすれば, いままでの議論をそのまま適用することができるだろう(図7.6).

7.5 定在波

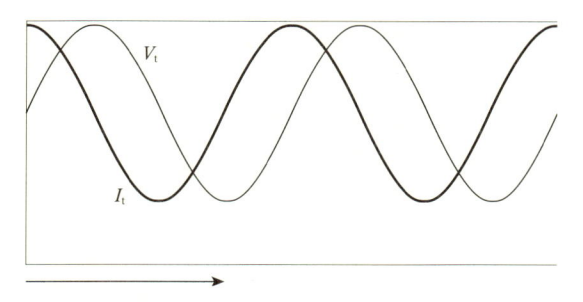

図 7.5 整合していない負荷の場合の定在波の例.

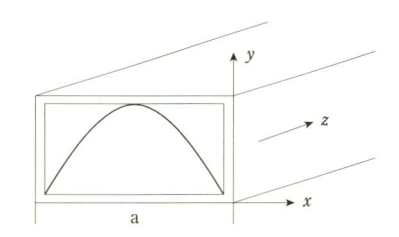

図 7.6 矩形導波管 $TE_{1,0}$ モードの電圧分布.

別のより一般化されたアプローチとしては，次のような規格化された振幅を適用する方法がある．

$$a = \sqrt{V_s I_s}$$
$$\bar{a} = \sqrt{V_t I_t}$$
(7.22)

とおく．これは，

$$a = \frac{V_s}{\sqrt{Z_0}}$$
$$\bar{a} = \frac{V_t}{\sqrt{Z_0}}$$

と書き表すことができるので，

$$\frac{a + \bar{a}}{\sqrt{Z_0}} = V_s + V_t$$
$$\bar{a} = \rho a$$

117

したがって，この振幅の x にわたる変化は，

$$a = a_0 e^{(-I\beta x)}$$
$$\bar{a} = \bar{a}bar_0 e^{(\beta x I)} \tag{7.23}$$

と簡単に表すことができる．

　負荷のインピーダンスが簡単な場合には，上に示したように単純な計算で結果を求めることができるが，一般的な負荷が接続されている場合には，かなりやっかいな計算が必要になる．そこで，一般的な負荷の場合に，これを直接計算する代わりに，図を用いてだいたいの特性を求める方法がある．これがスミス図表とよばれるもので，マイクロ波の問題を解くときによく登場する図表である．

7.6　スミス図表とは

　スミス図表(Smith Chart)は，1939年にP.H. Smithにより発明された特殊なグラフで，前節に述べた複素インピーダンスの数式による計算結果を，図表によって簡単に求めようとするものである．簡単に言えば，スミス図表は，一般的なSパラメータとよばれる散乱パラメータ(次節参照)のうち，s_{11} を図で表示するものである．

　反射係数 ρ は，

$$\rho = \rho_R + I\rho_I = |\rho|\exp(j\theta) \tag{7.24}$$

と表すことができる．

$$|\rho| <= 1$$

でなければならない．増幅システムがない伝送線路の場合，反射エネルギーは入力エネルギーを超えることはできないからである．したがって，図7.7における半径1の円の外側は，物理的に意味のない領域である．

　実際には，反射係数とソース，ライン，負荷といったものとの関係がほしいので，このような目的に適合するような図表を構築する必要がある．そこで，反射係数 ρ と複素インピーダンスの関係を，もう一度詳しく調べておくことにしよう．伝送線路の特性インピーダンス Z_0 を，

$$Z_0 = R_0 + IX_0 \tag{7.25a}$$

7.6 スミス図表とは

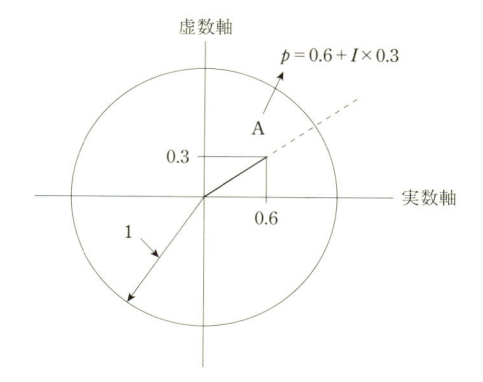

図 7.7 反射係数の図示.

とし，これが負荷 Z_L で終端されているとすると，

$$Z_L = R_L + IX_L \tag{7.25b}$$

反射係数は，

$$\rho = \frac{Z_L - Z_0}{Z_0 + Z_L} \tag{7.25c}$$

となる．

ここで，規格化したインピーダンスを用いる．

$$z_L = \frac{R_L}{Z_0} + I\frac{X_L}{Z_0}$$
$$z_L = r_L + Ix_L \tag{7.26}$$

これにより，

$$\rho = \frac{z_L - 1}{z_1 + 1} \tag{7.27a}$$

$$z_L = \frac{1+\rho}{1-\rho} \tag{7.27b}$$

となる．

(7.27)式を変形して，規格化インピーダンスを陽に書き表すと，

119

$$r_L + Ix_L = \frac{1 - \rho_R^2 - \rho_I^2}{(1-\rho_R)^2 + \rho_I^2} + \frac{I 2\rho_I}{(1-\rho_R)^2 + \rho_I^2}$$

$$r_L = \frac{1 - \rho_R^2 - \rho_I^2}{(1-\rho_R)^2 + \rho_I^2} \tag{7.28a}$$

$$x_L = \frac{2\rho_I}{(1-\rho_R)^2 + \rho_I^2} \tag{7.28b}$$

ここで，$r\rho_R$ は実数部 ρ，$r\rho_I$ = 虚数部 ρ を表す．

$$r_L = \frac{1 - \rho_R^2 - \rho_I^2}{1 - 2\rho_R + \rho_R^2 + \rho_I^2}$$

の関係から，これを変形して，

$$\rho_R^2 - \frac{2r_L \rho_R}{r_L + 1} + \frac{r_L^2}{(r_L - 1)^2} + \rho_I^2 = \frac{1 - r_L}{r_L + 1} + \frac{r_L^2}{(r_L + 1)^2}$$

が得られる．これは，

$$中心\left(\frac{r_L}{r_L + 1},\ 0\right)$$

$$半径\left(\frac{1}{r_L + 1},\ 0\right)$$

をもつ円である．

$$\left(\rho_R - \frac{r_L}{r_L + 1}\right)^2 + \rho_I^2 = \frac{1}{(r_L + 1)^2} \tag{7.29}$$

これを図で表すと，図 7.8 のようになる．

x_L についても同様な計算を実行する．途中を省略して結果だけを示すと，

$$\rho_R^2 - 2\rho_R + \rho_I^2 - \frac{2\rho_I}{x_L} + \frac{1}{x_L^2} = \frac{1}{x_L^2} \tag{7.30}$$

となる．これは図 7.9 に示すように，中心が $(1,\ 1/x_L)$ で，半径が $(1/x_L)$ の円群を表す．

7.6 スミス図表とは

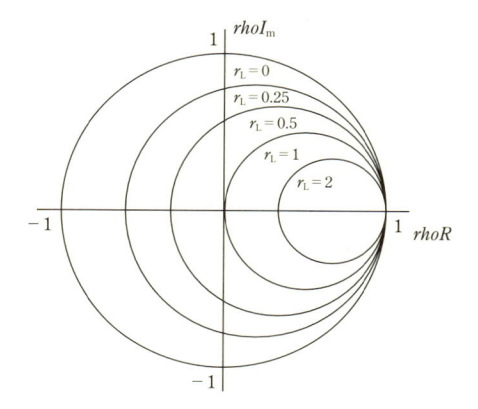

図 7.8 複素反射係数面における定抵抗の円群.

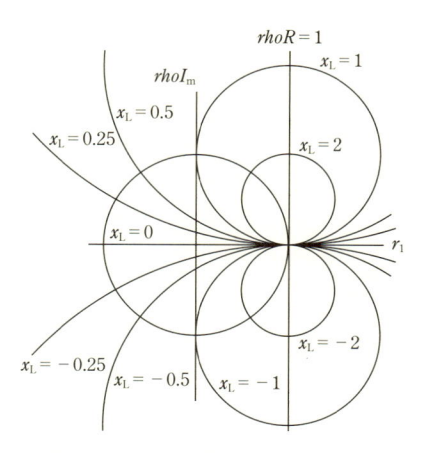

図 7.9 複素反射係数面における x_L の円群.

上の2つの図を結合すると，図 7.10 に示すスミス図表が完成する．

規格化された負荷インピーダンスを $1 + I_2$ としよう．これは，スミス図表上で，$r_L = 1$ の円と $x_L = 2$ の円の接点 A にあることになる．そうすると，図の四角の座標より，この場合の反射係数は，

$$\rho = 0.5 + I \times 0.5$$

と求められることになる．一方，B 点は，$1 - I \times 1$ の規格化された負荷インピーダンスを表し，したがってこの場合の反射係数は，

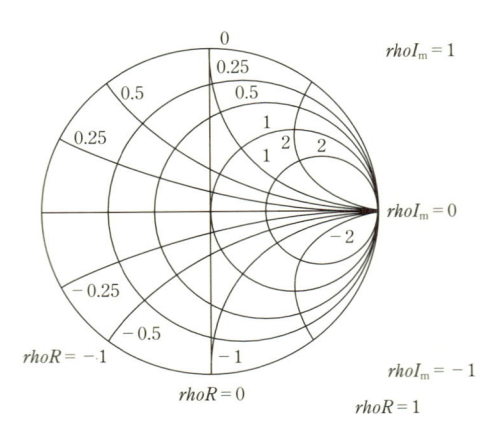

7章 マイクロ波周波数領域の測定

図 7.10 完成したスミス図表. $rhoR \equiv \rho_R, rhoI_m \equiv \rho_I$.

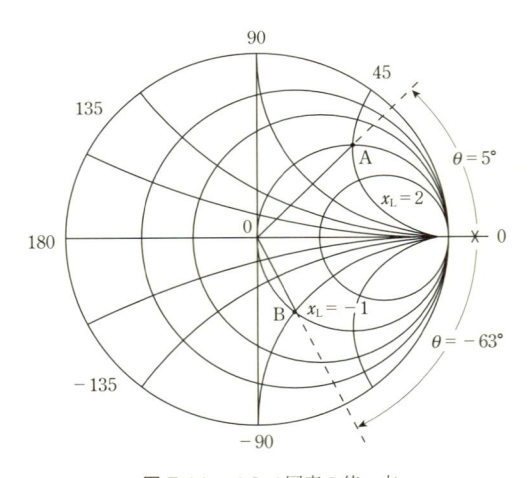

図 7.11 スミス図表の使い方.

$$\rho = 0.2 - I \times 0.4$$

となる.

　定在波に沿って測定した電圧の最大値と最小値の比は，SWRである(7.21式). 反射係数の大きさが0.5であるとすると，SWR=3になる. スミス図表の原点から半径0.5の円を描くと, これはSWR=3の円になる. 図7.12は, スミス図表にこの円を描いたものである.

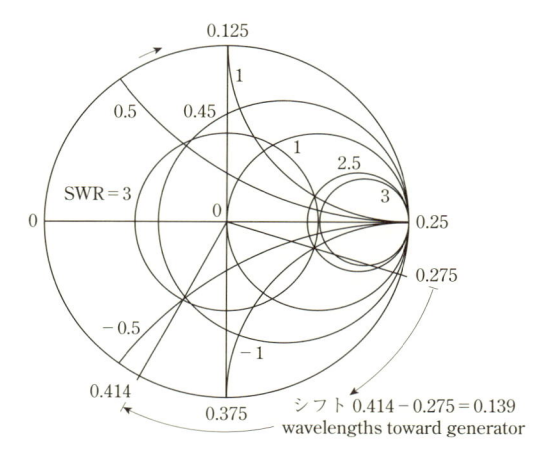

図 7.12　スミス図表上のSWR円と入力インピーダンスの関係.

　いま，L点の負荷インピーダンスは，$2.5 - I \times 1$である．負荷からの距離，$0.139 \times$波長の点の入力インピーダンスは，$0.414 (0.139 + 0.275 = 0.414) \times$波長だけ発振器の方向にシフトした点のI点となり，これより，

$$Z_{in} = 0.45 - I \times 0.5$$

となる．発振器方向の波長の目盛は，スミス図表のいちばん外側に記載されており，これにより線路長のシフトを計算できるようになっている．
　以上で概観したように，スミス図表は有用な図解の道具であり，マイクロ波素子の解析に，依然として重要な役割を演じている．

7.7　S行列について

　マイクロ波帯の回路の話には，Sパラメータという用語がよく出てくる．Sパラメータというのは，回路の入力端と出力端に，それぞれ特性インピーダンスを接続して，伝送特性と反射特性を測定することによって得られるパラメータのことである（散乱パラメータともよばれる）．

$$b_1 = s_{11} a_1 + s_{12} a_2$$
$$b_2 = s_{21} a_1 + s_{22} a_2$$

複雑な立体回路に外から入ってくる波と，これから外に出て行く波の関係は，

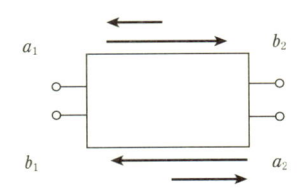

7章 マイクロ波周波数領域の測定

図 **7.13** 四端子回路(入力,出力ともそれぞれ二端子の回路).

次のような線形な一次式で表すことができる．これは，Maxwell の電磁場の方程式が線形な方程式であるからである．

$$\begin{aligned}
\bar{a}_1 &= \rho_{11}a_1 + \rho_{12}a_2 + \rho_{13}a_3 + \cdots\cdots \rho_{1n}a_n \\
\bar{a}_2 &= \rho_{21}a_1 + \rho_{22}a_2 + \rho_{23}a_3 + \cdots\cdots \rho_{2n}a_n \\
&\cdots\cdots\cdots\cdots\cdots\cdots\cdots\cdots\cdots\cdots\cdots\cdots\cdots\cdots \\
\bar{a}_n &= \rho_{n1}a_1 + \rho_{n2}a_2 + \rho_{n3}a_3 + \cdots\cdots \rho_{nn}a_n
\end{aligned} \qquad (7.31)$$

各 ρ_{nn} は，入力側からみたこの立体回路の反射係数であり，$\rho_{nm}\ (n \neq m)$ は伝達係数(transfer coefficient)とよばれる．この係数の作る行列は，散乱行列あるいは S 行列とよばれる．

実際にこの S 行列の各要素を求める計算は，はなはだやっかいである．特別にむずかしい計算ではないが，長たらしいのでミスを犯す確率が高い．たとえば，空洞共振器の等価回路は，次のように表すことができる．空洞の壁に孔が開けられているので，ここで壁の電流が遮断されるために，余分な L と，外部導波管の漏れによる実効的な抵抗とが，並列に共振回路に付加される(図 7.14)．

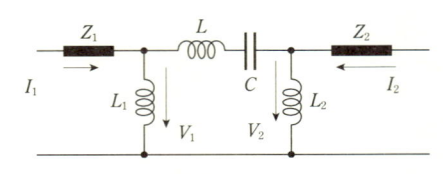

図 **7.14** 空洞共振器の等価回路．

7.7 S行列について

電流，電圧の方程式は，

$$I_1 = \left(-\frac{I}{\omega L_1} + \frac{1}{\omega L_1 - \dfrac{I}{\omega C}}\right)v_1 - \frac{v_2}{\omega L_1 - \dfrac{I}{\omega C}} \quad (7.32\text{a})$$

$$I_2 = -\frac{v_1}{\omega L_1 - \dfrac{I}{\omega C}} + \left(-\frac{I}{\omega L_2} + \frac{1}{\omega L_1 - \dfrac{I}{\omega C}}\right)v_2 \quad (7.32\text{b})$$

で与えられる．ここで，

$$v_1 = \frac{\sqrt{Z_1}(a_1 + abat_1)}{2}$$

$$I_1 = \frac{\sqrt{Z_1}(a_1 - abat_1)}{2}$$

$$v_2 = \frac{\sqrt{Z_2}(a_2 + abat_2)}{2}$$

$$I_2 = \frac{\sqrt{Z_2}(a_2 + abat_2)}{2}$$

なる変換を実行する．これから，S行列の成分を導くと，

$$\rho_{11} = \frac{\left(\dfrac{1}{Z_1} - \dfrac{I}{\omega L_1}\right)\left(\dfrac{1}{Z_2} - \dfrac{I}{\omega L_2}\right)\left(\omega L_1 - \dfrac{I}{\omega C}\right) + \dfrac{1}{Z_1} - \dfrac{I}{\omega L_1} - \dfrac{1}{Z_2} + \dfrac{I}{\omega L_2}}{\left(\dfrac{1}{Z_1} - \dfrac{I}{\omega L_1}\right)\left(\dfrac{1}{Z_2} - \dfrac{I}{\omega L_2}\right)\left(\omega L_1 - \dfrac{I}{\omega C}\right) + \dfrac{1}{Z_1} - \dfrac{I}{\omega L_1} + \dfrac{1}{Z_2} - \dfrac{I}{\omega L_2}} \quad (7.33\text{a})$$

$$\rho_{12} = -\frac{2}{\sqrt{Z_1 Z_2}\left(\left(\dfrac{1}{Z_1} - \dfrac{I}{\omega L_1}\right)\left(\dfrac{1}{Z_2} - \dfrac{I}{\omega L_2}\right)\left(\omega L_1 - \dfrac{I}{\omega C}\right) + \dfrac{1}{Z_1} - \dfrac{I}{\omega L_1} + \dfrac{1}{Z_2} - \dfrac{I}{\omega L_2}\right)}$$

(7.33b)

となる．ρ_{22} は，ρ_{11} で L_1 を L_2 に，Z_1 を Z_2 に入れ替えたものになる．

見かけ上は非常に複雑に見えるが，導波管を結合しても空洞の共振周波数はもとの固有共振周波数とあまり変わらないとすると，S行列の成分は簡単化されて，

$$\rho_{11} = 1 - \frac{2\gamma_1}{(\omega - \omega_0)I + \gamma_1 + \gamma_2} \tag{7.34a}$$

$$\rho_{12} = -\frac{2\gamma_1\gamma_2}{(\omega - \omega_0)I + \gamma_1 + \gamma_2} \tag{7.34b}$$

$$\rho_{22} = 1 - \frac{2\gamma_2}{(\omega - \omega_0)I + \gamma_1 + \gamma_2} \tag{7.34c}$$

と表される. ここで,

$$\gamma_1 - \delta_1 I = \frac{1}{2L\left(\dfrac{1}{Z_1} - \dfrac{I}{\omega L_1}\right)}$$

$$\gamma_2 - \delta_2 I = \frac{1}{2L\left(\dfrac{1}{Z_2} - \dfrac{I}{\omega L_2}\right)}$$

$$\omega_0 = \frac{1}{\sqrt{LC}}$$

である.
　γ は空洞と導波管の結合の度合いを示す量で, 空洞がエネルギーを貯める性能を表す Q 値は,

$$1/Q = 2(\gamma_1 + \gamma_2)/\omega_0 \tag{7.35}$$

で与えられる.

7.8　AppCAD

　マイクロ波領域の回路設計には, たいへんにめんどうな計算が必要になるが, Agilent Technologies 社から出されている AppCAD というソフトは, 4.4.3 項でも紹介したようにきわめて使い勝手のよいすぐれたソフトで, マイクロ波領域の計算にも, もちろん適用される. この節では, まず, 受動回路として PC ボードを使った伝送線路試作を行うことにしよう.
　図 7.15 は, マイクロストリップ線路の特性を計算する AppCAD の計算器である. これにより, 実際の PC ボードを使った線路の設計が可能になる. この

7.8 AppCAD

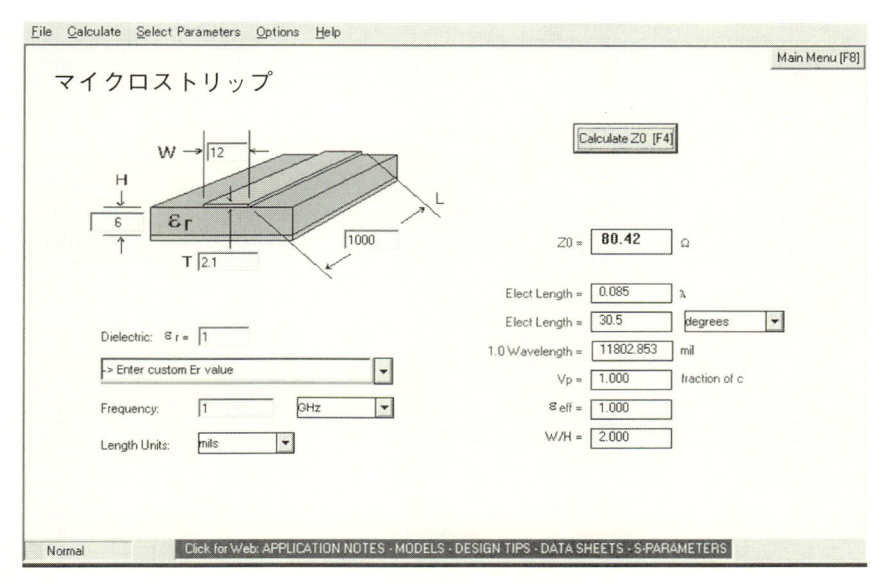

図 7.15 マイクロストリップ線路.

表 7.1 マイクロストリップ線路設計の計算例

材料	相対誘電率	W(mm)	H(mm)	$Z_0(\Omega)$
Si	11.8	3.0	4	50.36
GaAs	13	2.7	4	50.29
アルミナ	9.5	3.8	4	50.14

金属膜の厚みは 0.2 mm,周波数は 1 GHz とする

計算器で計算したいくつかの例を,表 7.1 に示す.

Coplanar 導波管は,図 7.16 のように,誘電体基板の一面だけに素子を装荷できる構造になっているので,半導体ウエハー上にマイクロ波 IC を多数構成するような場合に便利である.前と同様に,この計算器で計算したいくつかの例を,表にしておこう(表 7.2).

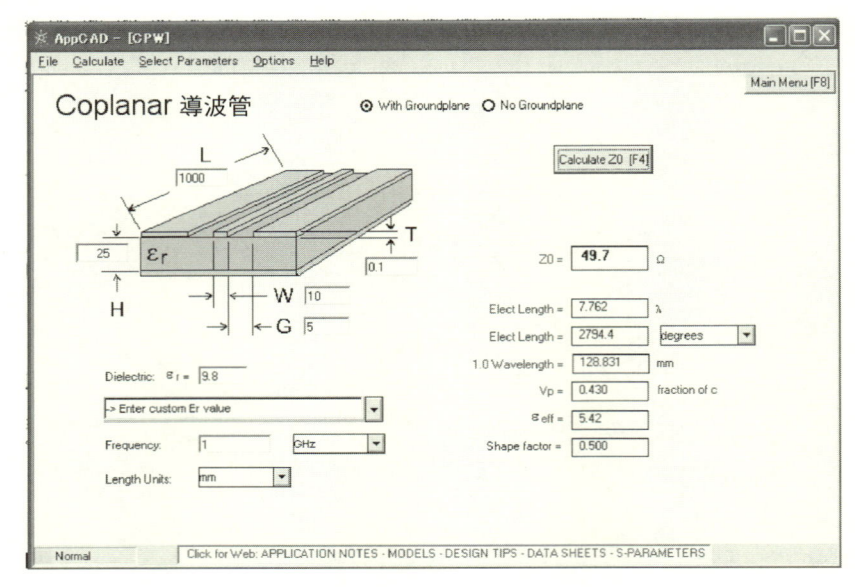

7章　マイクロ波周波数領域の測定

図 7.16　Coplanar 導波管.

表 7.2　Coplanar 導波管で計算した例

材料	W(mm)	G(mm)	H(mm)	$Z_0(\Omega)$
Si	2.9	3.3	5	50.2
GaAs	3.1	3.0	5	50.1
アルミナ	3.9	3.0	5	50.1

金属膜の厚みは 0.2 mm，周波数は 1 GHz とする．

7.9　電磁回路解析ソフト

　Maxwell の方程式を有限差分法や境界要素法で数値解析を行うソフトは，一般に電磁回路解析用のソフトとよばれ，いろいろなものが発売されているが，けっこう高価なものが多い．自分で偏微分方程式の数値解プログラムを作ることも不可能ではないが，境界条件が急峻な場合の解析はたいへんで，誤差を小さくするのは，専門家でなければかなり無理である．

　比較的簡単に無料で使用できるものとしては，「Sonnet Lite」とういうソフトがあり，パソコンにインターネットからダウンロードして使用できるように

なっている．Sonnet Lite については，「小暮裕明，電磁界シミュレータで学ぶ高周波の世界，CQ 出版社（1999）」に要領よく解説が書かれているので，これを参照されたい．モーメント法による電磁界解析や TLM 法による解析の入門的な解説もあるので，専門家でなくてもある程度理解できるように書かれている．この本には CD-ROM が付属しているが，インターネットから直接ダウンロードしたもののほうが最新版で，登録することにより 12 Mb まで使用可能になるので，このほうが便利である．

　ちょっと注意しておくが，本格的な電磁界の数値解析を行う必要がある場合にはこのソフトはかなり有効ではあるが，あまり必要がない場合には，ソフトだけため込んでも無用の長物になる．どの程度必要かは，自分で前もって判断しておく必要がある．

7.10　マイクロ波領域のスペクトル分析器はほんとうに自作できるか？

　マイクロ波領域まで帯域が延びているスペクトル分析器は，予算が豊富ならすぐにでもほしいところであるが，これは非常に高価である．たとえば，Agilent Technologies 社では，6.5 GHz 程度のもので 150 万円以上，もう少し帯域を欲ばると，250 万円程度は用意しなければならなくなる．したがって，どうしても必要なときにレンタルするという方法が考えられるが，レンタルの場合は 1 週間が限度で，それ以上になると，けっきょく割高なものになってしまう．

　さて，米国の New York 州 Medford というところに，Science Workshop 社という興味深い会社があって，*"Poor Man's Spectrum Analyzer"*（貧乏人のスペアナ）という商品を発売している．貧乏人の筆者は，まさに自分のための商品であると思い込み，このキットを早速買い込んでしまった．ところが，これは非常によくできた商品であり，秋月通商㈱で昔販売していたキットとは，とても比較にならない高性能のスペクトル分析器であった．しかも，取り扱い説明書が実にていねいにできていて，素人でもまずまちがいなく（これはちょっと言い過ぎか）組み立てられるようになっている．組立て用のケースなどは自分で用意したが，総額 10 万円でおつりがくる程度の費用で完成したので，その組立て過程をここに紹介しよう．

　まず，このスペクトル分析器の基本ブロック図は，次のようになっている（図 7.17）．この分析器の基本は，電圧同調のフロント端をオシロスコープの水平掃引に同調して掃引することである．受信信号は狭帯域フィルタを通過し，オ

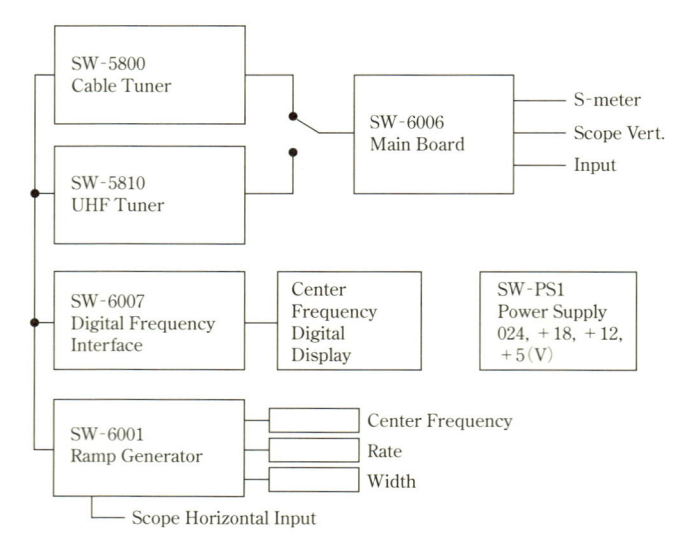

7章 マイクロ波周波数領域の測定

図 **7.17** スペクトル分析器のブロックダイアグラム．

シロスコープの垂直増幅器に加えられる．分解能は約 250 kHz であり，これはフィルタの帯域幅により決定される．分析器の出力はオーディオ周波数帯域にあるので，安価なオシロスコープで十分に観測可能になっている．

スペクトル分析器は，言わば同調型の RF 電圧計である．したがって，これを RF 発振器に接続すれば，発振周波数，振幅，発振器の発振周波数の純度といったものが容易に測定される．また，組み込まれている電力計により，信号の電力の測定も可能になる．

このスペクトル分析器の心臓部は，Main board とよばれる部分で，これには，converter, IF amplifier, amplifier/detector, および audio amplifier が組み込まれている．

Science Workshop 社では，以上の基本キットのほかに，各種のチューナを提供している．

1) SW-5800　2 ～ 500 MHz
2) SW-5810　420 ～ 900 MHz
3) SW-5820　900 ～ 2150 MHz

したがって，2 MHz ～ 2.1 GHz の帯域をカバーすることができ，さらに，適当な RF ミキサーを利用すれば，マイクロ波領域のすべてをカバーすることが可能になる．さらに，欲ばりな人のために，トラッキング発振器も用意され

7.10 マイクロ波領域のスペクトル分析器はほんとうに自作できるか？

ている(ただし，解説書はすべて英文である).

筆者は改造好きであるので，このキットにさらにジャンク屋からオンボロのオシロスコープ(入力部は壊れているが，ブラウン管の部分は動作するものを1000円で購入)を掘り出してきて，ばらばらに分解し，これに組み込んで使用している．作成したスペクトル分析器の全貌を図7.18に示す．ちょっと工夫をして，分解能を10 kHz 程度に向上させて使用しているが，我ながらなかなかのの傑作であると自負している．

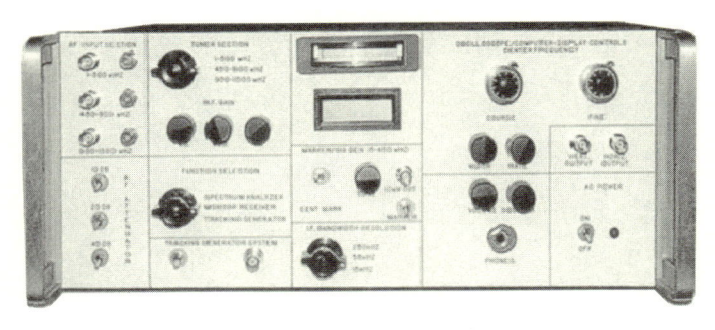

図 **7.18** 自作のスペクトル分析器．

8章 電子計測にはできるだけパソコンを利用しよう

8.1 PC Scope とは

　パソコンはいまや消耗品である．次から次と，新機能をもった機種が発売され，値段は下がる一方である．一昔前の機種は，惜しげもなく捨てられる運命になるが，電子計測用に使用するには，10年前の機種でも十分にまにあう．筆者は，かなり古い機種(CPUの速度は450 MHzだったと思う)でも，Windows 98 で立派に働いている(ジャンク屋から探してくれば，数千円のしろものである)．

　いちばん単純なパソコンの電子計測器としての使用法は，PC Scope とよばれるものであろう．これは，パソコンの画面をデジタルオシロスコープの画面として利用するアダプターで，性能も金額も，各種各様のものが発売されている．

図 8.1　PCS500 Scope の外観.

8.1 PC Scope とは

これについては，第 2 章ですでに触れているが，ここでさらにいくつかの例を紹介しよう．

まず Velleman PCS500 Scope を紹介する．これは，a) デジタルオシロスコー

- comes with adapter: yes
  - oscilloscope:
  - timebase: 20ns to 100ms per division
  - trigger source: CH1, CH2, EXT or free run
  - trigger edge: rising or falling
  - trigger level: adjustable in whole screen
  - step interpolation: linear or smoothed
  - markers for: voltage and frequency
  - input sensitivity: 5mV to 15V / division with auto setup-function
  - pre-trigger function
  - true RMS readout (only AC component)
  - recording length: 4096 samples / channel
  - sampling frequency:
    - real-time: 1.25kHz to 50MHz
    - repetitive: 1GHz
- spectrum analyser:
  - frequency range: 0...1.2kHz to 25MHz
  - linear or logarithmic time scale
  - operating principle: FFT (Fast Fourier Transform)
  - FFT resolution: 2048 lines
  - FFT input channel: CH1 or CH2
  - zoom function
  - markers for amplitude and frequency
- transient recorder:
  - time scale: 20ms/div to 2000s/div
  - max. recording time: 9.4hours/screen
  - automatic data storage
  - automatic recording for more than 1 year
  - max. number of samples: 100/s
  - min. number of samples: 1 sample / 20s
  - markers for time and amplitude
  - zoom function
  - recording and display of screens
  - data format: ASCII

図 8.2　PCS500 Scope の特性一覧.

プ，b) スペクトル分析器，c) 過渡信号記録器，の三役を果たすパソコン用のアダプター(ベルギー製，図 8.1)で，その値段は 499.00 ユーロ，ソフトウェアは 69.00 ユーロである(両方で約 8 万円)．その具体的な特性は図 8.2 のようなものである．

これに類似な製品は，他にも多数発売されている．図 8.3 に示す PC Scope は，Link Instruments 社の製品であるが，ソフトウェアが非常によく整備されていて，使いやすい．

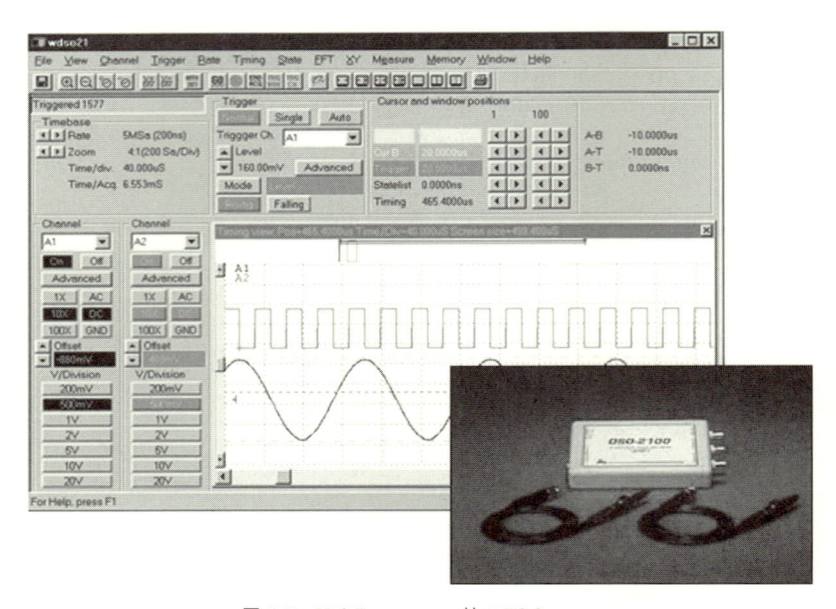

図 8.3　Link Instruments 社の PC Scope.

その他の格安な PC Scopes としては，Allison Technology 社から発売されているものがある(図 8.4)．これには，100 MS/s，50 MHz アナログ帯域のものから，15 kS/s，7.5 kHz 帯までいろいろな機種がある．最近では日本製の PC Scope も発売されているようである．

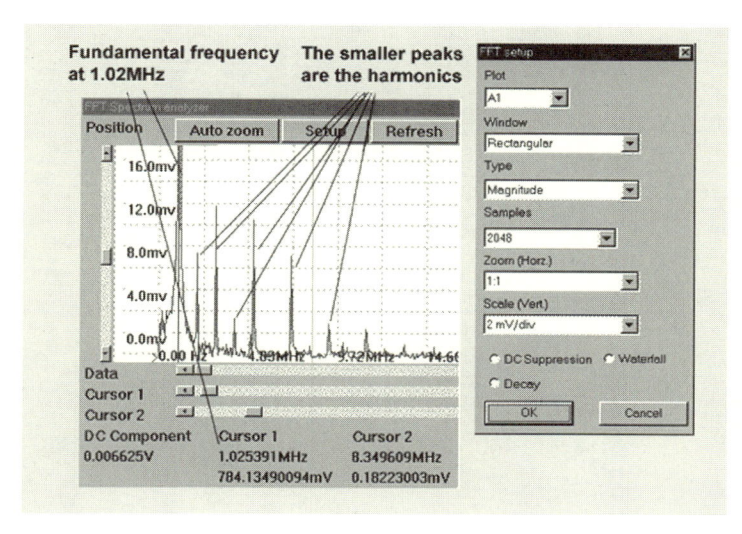

図 8.4 Allison Technology 社の PC Scope. 50 MHz までのスペクトル分析器としても使用できる.

8.2 Agilent 82357A USB/GPIB インターフェース

電子測定器とパソコンの間のデータ伝送は，HPIB（GPIB）とよばれる国際的に標準化されたインターフェースによって実行するのが，通例となっている．従来は，HPIB または GPIB インターフェースが付属した測定器を購入すると，別刷りの HPIB，GPIB の取り扱い説明書がついてくる．筆者のように，デジタル回路を苦手とするユーザには，これを読んで使いこなすのが非常にやっかいなものである．これを利用すれば便利であろうとは思うが，使用するために必要とするプログラムを書くのがめんどうなために，せっかくの有用なインターフェースが置き去りになっている場合が多い．

Window 98, Windows Me, Windows 2000, Windows XP を OS として使用しているパソコンのユーザに対して，たいへんありがたいインターフェースが発売されている．Agilent Technologies 社（昔の HP 社の測定器部門が独立した会社）では，この不便を一挙に解決する新しいハードウェアとソフトウェアの統合品を発売している．これが 82357A とよばれる製品である（図 8.5）．値段は 6 万円ほどするので，安いほうではないが，便利さから言えば格安ということもできる．

8章 電子計測にはできるだけパソコンを利用しよう

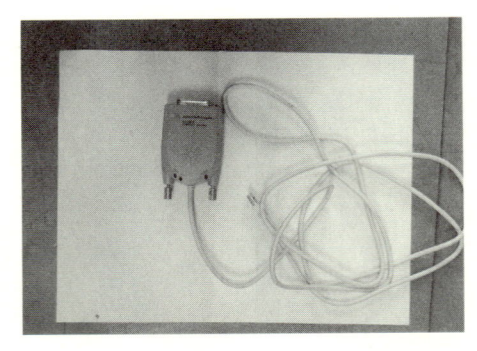

図 8.5 パソコンの接続に USB ケーブルをもつ 82357A インターフェース.

1) 付属の CD を PC の CD ドライブに挿入して, Agilent IO ライブラリをインストールする.
2) 次に PC に 82357A インターフェースを接続し, 各種の設定を実行する.
3) 次いで, GPIB 機器に接続を実行する.
4) VISA アシスタントを使用して, GPIB 機器と通信を行う.

基本的にはこれだけの操作であるが, 従来のやり方と比較すれば非常に話が簡単になり, 誰でも簡単に短期間で GPIB を使いこなせるようになる. これで, だんだん人間はなまけものになっていく.

8.3 できるだけフリーなソフトを活用する

電子回路開発用のフリーソフトウェアにはいろいろなものがある. たいていの場合, フリー(無料)で使えるのはデモ版であり, ほんものよりも制限された内容になっているが, その内容はかなり高度で, 実用に十分耐えうるものが多い. たとえば, http://www.designsoftware.com を開くと, TINA PRO という電子回路開発用ソフトのデモ版があり, 簡単にダウンロードすることができる. 筆者が愛用しているいくつかのソフトを, 次にあげておこう.

8.3.1 TINA PRO

これを開くと, 図 8.6 に示すような画面が表示される. 14 のメニューバーが用意されていて, アナログ回路からデジタル回路まで, 各種の回路の設計, シミュレーションが可能になっている. 驚くべきことに, これは単に回路素子を貼り付けて, 数値を代入して特性をみるだけではなく, 回路の等価回路の数式

8.3 できるだけフリーなソフトを活用する

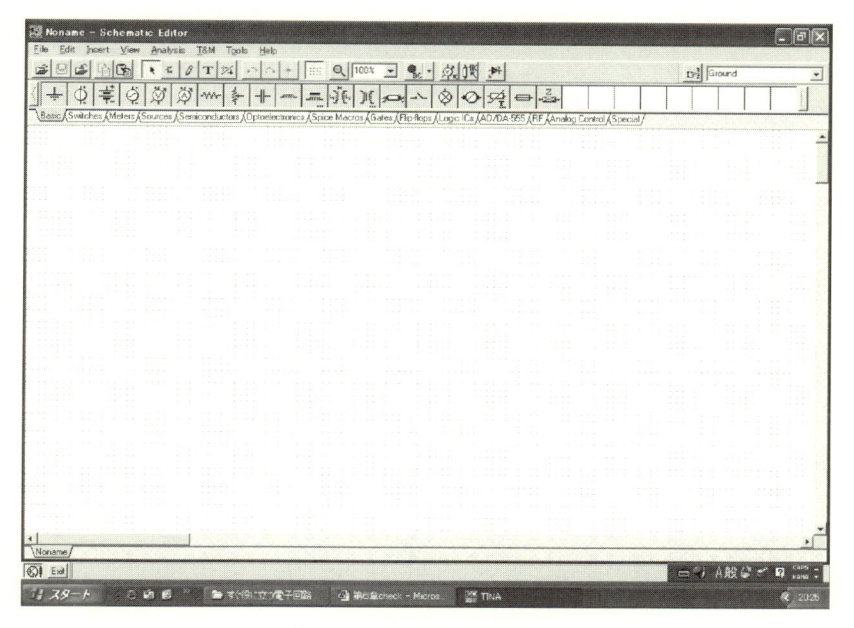

図 **8.6** TINA PRO の初期画面.

Symbolic Analysis of a Common-Emitter Amplicfier

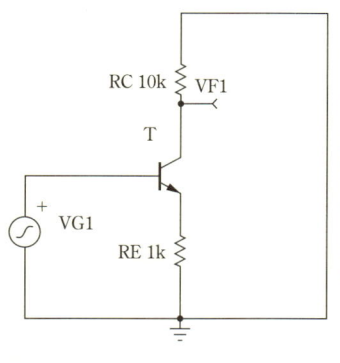

NOTES

1) This is a simplified AC equivalent circuit of the amplifier.

2) Select Anslysis/Symbolic An alysis/AC Transfet to ret the symbolic expression for the amplification. Fress the Edit button to Edit the symbolic result and then the View button to preview it.

3) Double-click on the trasistor and then press the Enter Macro button to see the linear model used for symbolic an alysis.

$$A = -\frac{R_C \cdot \beta}{R_B + R_E \cdot \beta + R_E}$$

図 **8.7** エミッタ接地のトランジスタ回路.

137

を表示できるという大きな裏技をもっている.

たとえば,図8.7はエミッタ接地のトランジスタ回路であるが,トランジスタの部分をダブルクリックして,ポップアップしてくるダイアログからマクロを選択すると,図8.8に示すようなトランジスタの等価回路を表示することができる.また,ファイルメニューからSymbolic Analysisを選択すると,図8.9のように,Transfer functionを表示することもできる.ほんものは,標準品が3万5000円ぐらい,専門家向けは8万円ぐらいで,ユーロで支払いしなければならないが,研究室で備えておくと,これほど便利なものはない.

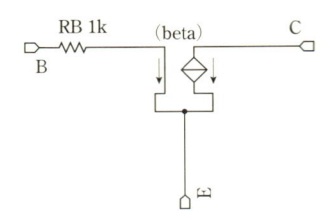

図 **8.8** エミッタ接地のトランジスタ回路の等価回路.

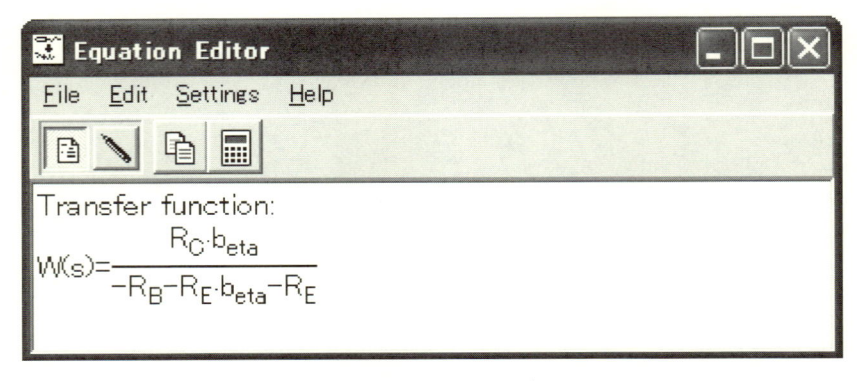

図 **8.9** Transfer fuction の表示.

8.3.2 AADE Filter Design

これはFilter Designのフリーソフトウェアである.これも非常に使いやすいソフトウェアで,帯域フィルタ,低域フィルタ,高域フィルタの設計が簡単

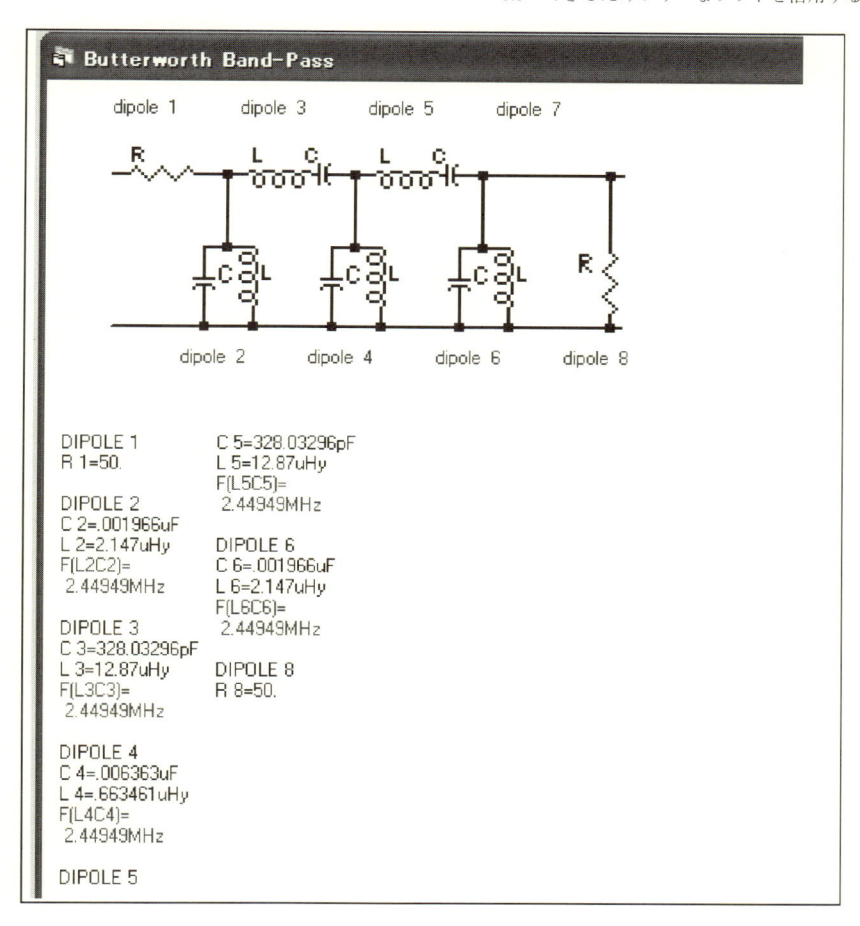

図 **8.10** 帯域フィルタの設計例.

にできる，きわめて有用なものである．帯域フィルタの例を，図 8.10 ～ 8.12 に示す．

また，高域フィルタの例を図 8.13, 8.14 に示す．

以上に示したように，このフィルタ設計用のソフトは非常にすぐれたもので，しかも誰でも簡単に使えて，直ちに実用に役だつというものである．

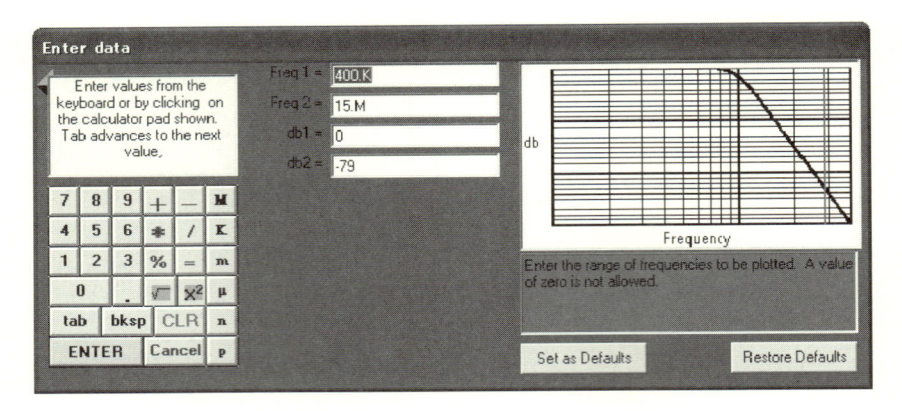

8章 電子計測にはできるだけパソコンを利用しよう

図 8.11 パラメータの設定用ダイアログ.

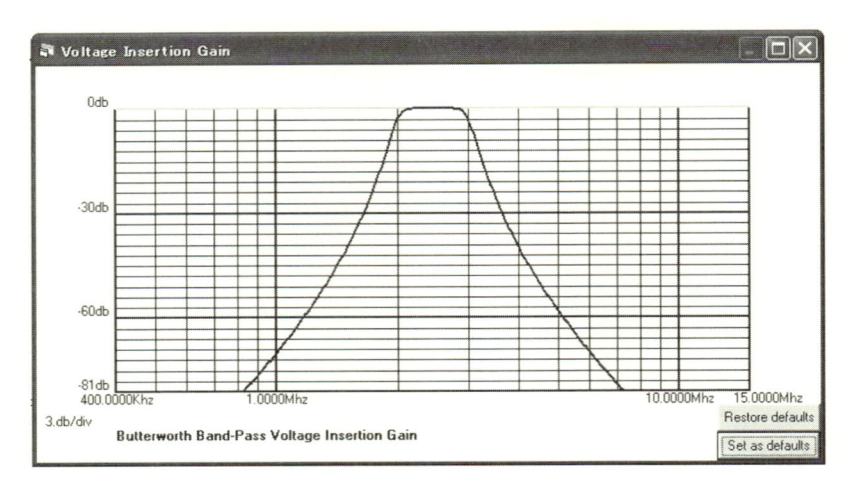

図 8.12 帯域フィルタの特性.

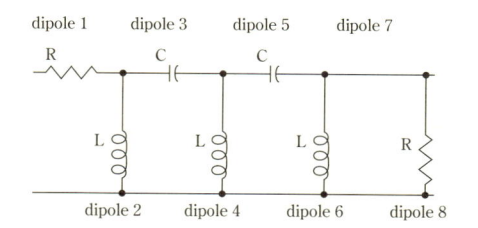

8.3 できるだけフリーなソフトを活用する

```
     dipole 1   dipole 3   dipole 5   dipole 7
        R          C          C
     ──/\/\──┬────||────┬────||────┬──────────┐
             │          │          │          │
             L          L          L          R
             │          │          │          │
     ────────┴──────────┴──────────┴──────────┘
     dipole 2   dipole 4   dipole 6   dipole 8
```

DIPOLE 1　　　L 6 = 6.441uHy
R 1 = 50　　　F(L6C5) =
　　　　　　　　1.99905MHz
DIPOLE 2
L 2 = 6.441uHy　DIPOLE 8
　　　　　　　　R 8 = 50
DIPOLE 3
C 3 = 984.09887pF
F(C3L2) =
　1.99905MHz

DIPOLE 4
L 4 = 1.99uHy
F(L4C3) =
　3.596107MHz

DIPOLE 5
C 5 = 984.09888pF
F(C5L4) =
　3.596107MHz

DIPOLE 6

図 8.13　高域フィルタ．

[Voltage Insertion Gain plot: Butterworth High-Pass Voltage Insertion Gain, 2.db/div, from 200.0000Khz to 20.0000Mhz, showing high-pass response rising from -60db to 0db around 1MHz]

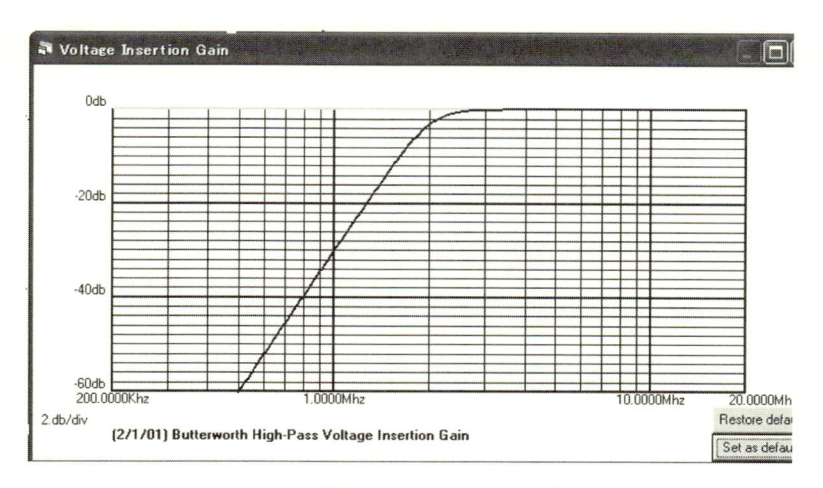

図 8.14　設計した高域フィルタの特性．

141

8.3.3 WinSpice

WinSpice は，Spice2, PSpice といったアナログ回路設計システムと互換性のあるソフトで，これは完全には無料なソフトではないが，インターネットからダウンロードして，誰でも試し使用してみることができる（図 8.15，8.16）．ただし，このソフトは大型のソフトであり，これを自由自在に使いこなすためには，前項で述べた TINA PRO や Filter Design のソフトと違って，かなりの勉強と訓練が必要になる．なかにけっこうバグが含まれているので，注意深い使い方をしないと，とんでもない答えがでてきてしまう．また，WinSpice 自体は Schematic Editor をもっていないので，第三者のエディタをリンクして使うことが必要になる．

WinSpice の取り扱い説明書は，170 ページもある膨大なものであるが，これを眺めると，アナログ回路の設計，シミュレーションでも，これだけ多様なことができるものかと驚かされる．

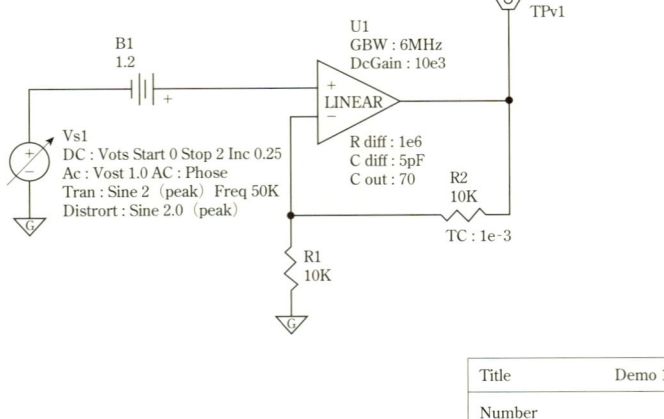

See Menul Analyze to select and run the varicus analyses

B1 1.2

U1
GBW : 6MHz
DcGain : 10e3
LINEAR

TPv1

Vs1
DC : Vots Start 0 Stop 2 Inc 0.25
Ac : Vost 1.0 AC : Phose
Tran : Sine 2（peak）Freq 50K
Distrort : Sine 2.0（peak）

R diff : 1e6
C diff : 5pF
C out : 70

R2
10K
TC : 1e-3

R1
10K

Title	Demo 1	
Number		
ANDRESEN ELECTRONICS LTD.		
Date 12 月 6 2002		Size 5
Shett of		Rev
File : Demo1. Sch		

図 **8.15** WinSpice の例．

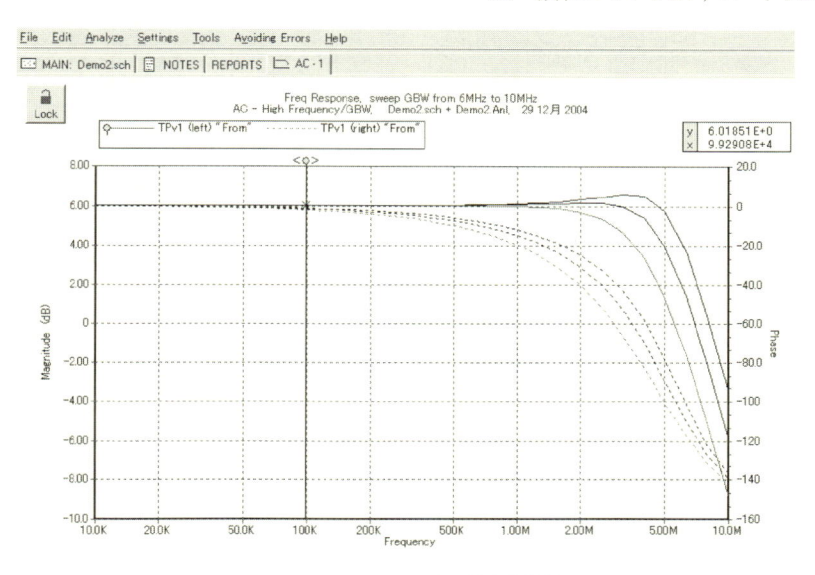

図 **8.16**　図 8.15 の回路の周波数特性.

8.4　有料ではあるが高度な回路設計やシミュレーションを可能にするソフトウェア，ハードウェアは多数ある

　専門家向けの回路設計用ソフトウェアは，企業におけるエンジニアの利用を目的としているので，大学の研究室で気軽に使用できるようにはなっていない．だいたい価格が高すぎて，製品製造を目的としないところでは，個人で所有するには荷が重すぎる．しかしながら，大学の研究室などで所有すればたいへんに便利で，有効性を発揮できるかもしれない．

8.4.1　LabVIEW

　なかでも，昔から有名なものに LabVIEW があり，全国で多くの研究者に愛用されている(図 8.17)．ただし，筆者は，実際にこれを研究に使用した経験がないので，使い勝手についての率直な感想を述べることはできない．

　非常に高度なハードウェアとソフトウェアが完備しているものであるが，高価なものなので，予算に余裕があるときに，自分の研究室に最適なものを選択するのがよいだろう．最初からどうしても備える必要があるものではない．

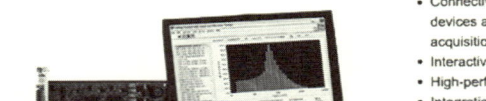

8章 電子計測にはできるだけパソコンを利用しよう

図 8.17 よく使われている LabVIEW.

8.4.2 MATLAB

　これは実に驚くべきソフトウェアである．筆者が米国の大学に滞在しているとき（今から 25 年前），「工学部でこのソフトを知らないのはもぐりだ！」と言われるくらいに，有名なソフトである．ボストン近郊にある MathWorks 社から発売されているソフトであるが，この会社は実に商売がうまくて，いろいろなパッケージやツールを次々に作っては，有料で発売している．したがって，本体だけ持っていても，これらの付属のパッケージを購入しないと，利用できないようになっている．もちろん，必要なものだけを選択して購入すればよいわけであるが，それでも 100 万円ぐらいにはなってしまうので，個人で所有するのは困難である．だだし，これで商売ができるので，そのような向きには安い投資であろう．

　筆者は「物好き」なので，これまでに MATLAB に関する英文の解説書が何冊くらい発行されているかを検索してみたところ，驚くなかれ 2,087 点ということになっている．これらの本が，すべて売れているかどうかはわからないが，しかし，このソフトがいかに多くの人の関心を呼んでいるかということは，これである程度わかるであろう．少なくとも著者の知るかぎり，こんなに解説書の多いソフトは，他にあるとは思えない．日本で人気のある Mathematica の英文解説書でもせいぜい 400 点程度であるから，この 2,087 点というのは，確

かに脅威的な数字である．筆者は，古い古いバージョンのMATLABを今でも愛用しているが，これでもけっこう役にたつ．本書はソフトウェアの詳細な解説をすることを目的としていないので，MATLABの詳細は他の解説本にまかせることにする．

　ここで注意しておくと，一見するといろいろ便利そうなソフトがたくさんあるが，どのソフトもそれなりに使いこなすようになるためには，けっこうな時間と訓練が必要である．使いこなせるようになったときに，肝心の目標が色あせたものになっているということもよくあることである．ここでも確とした目標が重要である．現状の自分の目的を達成するために，最も効率のよいソフトウェアの選択をしなければならない．

　むやみとソフトを買い込んでも，ほとんど使わないというか，正確には使いこなせないということになってしまう．思慮深い人間はこんなことはしないのである．それは，結果がどうなるかを予測できるからである．思慮深い人間ばかりが増えると，ソフト屋さんは売れ行きが悪くなって困るかもしれないが，何もソフト屋さんを儲けさせるためにむだをすることはない．ソフトは，1つか2つあれば十分である．

索　引

A

AADE Filter Design　138
admittance　46
Agilent 社　12, 74, 126
Agilent 82357A USB/GPIB インターフェース　135
aliasing　67
Almost All Digital Electronics　14, 81
AppCAD　73, 74, 126

B

bending strain　84
buffer amplifier　7

C

CFOP　60
current feedback　60

D

DBM　55
DDS　103
double balanced mixer　55
DynaArt 社　21

I・K

IA　30, 31
impedance　44
InSb　9
Kirchhoff の法則　112

L

LabVIEW　143

Laplace の方程式　111
L/C メータ　81
LNA　33
low noise operational amplifier　33

M

MATLAB　144
Maxwell の方程式　110, 124, 128
mixer-induced phase shift　59

N

$Na_2S_2O_8$　20
NF 回路ブロック　41
Nyquist　67

O

OA　30
operational amplifier　30
optical interference fringe　84

P

PCM　55, 59, 60
PC Scope　132
phase sensitive detection　38, 55
phase shift　64
PIC　81
piezo resistance　84
PIN ダイオード減衰器　102
PLL 回路　93, 100
Poisson　84
propagation delay time　60
PSD　38, 55
pulse conversion method　55, 59, 60

索　引

Q・R

Q 値　96, 126
quality factor　96
RC フィルタ回路　42
regulator　26

S

S 行列　123
Schottky　57
shearing strain　84
sine wave　59
Smith Chart　118
Sonnet Lite　128
spectrum analyzer　14
standing wave　115
strain gauge　83
SWR　116

T

TEM 波　110
thermocouple amplifier　10
TINALab II　16
TINA PRO　136
transfer coefficient　124
transmission line　110

V

varactor diode　95
variable phase shifter　64
VCO　38

W

Wheatstone bridge　85
Windows コントロールプログラム　104
WinSpice　142

あ

アクティブブリッジ　54
圧電性材料　80
アドミッタンス　46
アートワーク法　19
アナログ掛け算器　63
移相回路　64
位相
　——検波器　55, 94
　——周期ループ回路　93
　——調整器　64
　——の測定　55

い

インピーダンス　44, 113
　——の位相　51
　——の絶対値　51
　——の測定　47, 49, 50, 52

え

エッジ効果　49
エッチング　19, 22
　——液　22
1/f 雑音　36, 40
演算増幅器　30, 60

お

オシロスコープ　14
折返し効果　67

か

ガードリング　50
階段波　108
化学エッチング　22
掛け算器　38, 39
　——による位相の検出　63
かなたわし　21

147

索　引

可変位相調整器　64
下方変換　55
緩衝増幅器　7

け

計測増幅器　29
減衰測定器　86

こ

光学干渉じま　84
高周波用 IC　73
高速演算増幅器　60
高速サンプラー　65
高速多機能パソコン装置　16
交流ブリッジインピーダンスの測定　52
小型超音波カッター　18
コモンモード除去比　31
固有インピーダンス　113
コンダクタンス　46
サセプタンス　46

さ

雑音
　——密度スペクトル　36
　——の種類　36
　——の等価回路　35
サブナノ秒パルスの発生の回路　71
三角波　107
三端子定電圧 IC　24
サンプリング
　——オシロスコープ　14
　——回路　42
　——ゲート　69
　——定理　66
　——ヘッド　71
　——法　66
　——による高周波の位相測定　65
サンプルホールド回路　55, 72

し

時間遅延回路　42
実験台の配備　2
時定数　64
シャント調整器　26
上方変換　55
除振装置　91
ショットキー
　——雑音　36
　——ダイオード　57
　——バリヤダイオードカッド　70
ジョンソン雑音　36
シリーズ調整器　26
試料の研磨　90
試料の固定　9
シングルダイオードサンプリングゲート　69
信号に同調した増幅器　37

す

水晶発振子　61
スパイク　40
スペクトル分析器　14
スミス図表　118

せ

正弦波　59
セラミックス材料　47
ゼロクロス検出器　61
せん断ひずみ　84
線路の基本方程式　113

そ

増幅器　7, 29, 38
損失のない伝送線路　112

索　引

た

ダイオードリング　59
第三の手　18
タイミングパルス　41
ダイヤモンド刃カッター　18
ダイレクトデジタルシンセサイザ　93, 103

ち

超音波
　——伝播　86
　——ひずみの伝播と反射　87
　——変換器　86
　——のエコー　87
超伝導遷移温度　49
直接法　23
直流増幅器　38

つ・て

つまようじ　9, 10
低域フィルタ　38
抵抗のある線路　113
定在波　115
　——比　116
低雑音演算増幅器　33
　——の雑音源　34
定電圧回路　23
定電圧源　26
定電流回路　27
デジタルテスタ　6
デジタルメータ　6
デスクリートな素子　71
電圧雑音　35
電圧制御型減衰器　88
電圧制御発振器　38, 95
電極づけ　9
電磁回路解析ソフト　128
電子レンジ　5

伝送線路　113, 115
　——の回路論　110
伝達係数　124
伝搬遅延時間　60
電流帰還　60
電流雑音　35

と

同調インダクタンス　98
銅箔　19, 23
トナー転写法　20

な・に・ね

ナイキストの定理　67
二重平衡ミクサ　55
熱電対増幅器　10, 29

は

バラクタダイオード　95
パルスの駆動回路　70
パルス波形　57
パワースペクトル密度　39

ひ

ピエゾ抵抗　84
光ファイバセンサ　82
ひずみ
　——ゲージ　83
　——測定　83
　——回路　85
標本化定理　66

ふ

フリーソフト　136, 138
フリッカー雑音　36
フリップフロップ回路　61
プリント回路ボード　19
プログラマブル集積回路　81

索　引

へ

平行研磨　90
平行平板コンデンサ　49
　　——の電気容量　47
ペルオキソ二硫酸ナトリウム　20
変位の測定　79
変成器ブリッジ　53

ほ

ポアソンひずみ　84
ホイートストンブリッジ　85
ボックスカー積分器　41
ポップコーン雑音　36
ボール盤　18
ボンダー　10

ま

マイクロストリップ線路　126
曲げひずみ　84

み

ミクサ誘導移相　59
乱れた系　48
ミリング装置　18

ゆ・よ

誘電体測定用アクセサリー　50
四端子
　　——接続端子　12
　　——定電圧 IC　25
　　——法　7

ら・り

ランプ掃引回路　107
リアクタンス　46

れ・ろ

レーザー光の反射を利用する変位の測定
　　82
ロジックアナライザ　17
ロックインアンプ　37

●著者紹介

阿部　寛（あべ・ゆたか）工学博士
1957 年　北海道大学工学部電気工学科卒業.
1960 年　工業技術院電気試験所入所，半導体部品研究室所属.
1974 年　米国 Brown 大学客員教授.
1975 年　北海道大学工学部原子工学科量子計測工学講座教授.
1997 年　北海道大学定年退職. 同名誉教授. 北海道自動車短期大学教授.

●主な著書

「やさしい Mac の数値数式処理プログラム」(1990)，「あなたの Mac ファクトリー」(1991)（以上，毎日コミュニケーションズ），翻訳「入門計算物理の手法」(1993, 現代工学社)，「Mathematica でみる数理物理入門 I」(1994)，「Mathematica でみる数理物理入門 II」(1995)，「MapleV による数式処理入門」(1998)，「物理工学系のシミュレーション入門」(1999)（以上，講談社）

研究室ですぐに役だつ電子回路

平成 18 年　7 月 13 日　初版
平成 23 年　5 月 16 日　5 刷

著　者　　阿　部　　寛
発行者　　笠　原　　隆

発 行 所　**工学図書株式会社**

〒113-0021　東京都文京区本駒込 1-25-32
電話　03（3946）8591 番
FAX　03（3946）8593 番
印刷所　㈱双文社印刷

©YUTAKA ABE　2006　Printed in Japan
ISBN 4-7692-0477-9 C3055
☆定価はカバーに表示してあります.

好評発売中

センサと基礎技術
南任靖雄 著
★ A5判　定価 2,520 円

基礎 電子計測
南任靖雄 著
★ A5判　定価 2,520 円

EMCと基礎技術
鈴木茂夫 著
★ A5判　定価 1,785 円

Q&A EMCと基礎技術
鈴木茂夫 著
★ A5判　定価 1,680 円

改訂新版 半導体基礎用語辞典
米津宏雄 著
★ B6判　定価 1,890 円

図説 創造の魔術師たち
レオナルド・デ・フェリス / 本田成親 訳
★ A4変型　定価 3,150 円

名著復活 若きエンジニアへの手紙
菊池誠 著
★ 四六判　定価 2,205 円

【表示価格は税込み(5%)価格】

工学図書　http://www.kougakutosho.co.jp